十二生肖的故事

魏亞西 等 編著

新雅文化事業有限公司
www.sunya.com.hk

十二生肖的故事

編　　著：魏亞西、齊菁
繪　　畫：周旭、趙光宇、楊磊、劉偉龍、朱世芳、李紅專、于雲、草草、高晴、
劉振君、王祖民、王鶯、王梓、饗馬夫婦
責任編輯：胡頌茵
美術設計：李成宇
出　　版：新雅文化事業有限公司
香港英皇道 499 號北角工業大廈 18 樓
電話：（852）2138 7998
傳真：（852）2597 4003
網址：http://www.sunya.com.hk
電郵：marketing@sunya.com.hk
發　　行：香港聯合書刊物流有限公司
香港荃灣德士古道 220-248 號荃灣工業中心 16 樓
電話：（852）2150 2100
傳真：（852）2407 3062
電郵：info@suplogistics.com.hk
印　　刷：中華商務彩色印刷有限公司
香港新界大埔汀麗路 36 號
版　　次：二〇一七年一月初版
二〇二二年十月第六次印刷

ISBN: 978-962-08-6713-2

18/F, North Point Industrial Building, 499 King’s Road, Hong Kong
Published in Hong Kong SAR, China
Printed in China

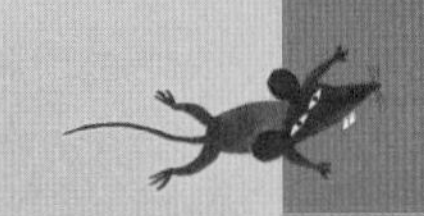

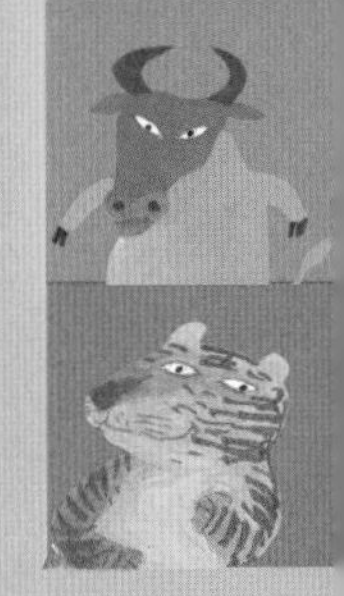

認識十二生肖的由來

每年農曆新歲大家都會提及生肖，但你知道生肖從何而來嗎？

十二生肖的次序為鼠、牛、虎、兔、龍、蛇、馬、羊、猴、雞、狗、豬，那到底是依據什麼條件來排列呢？本書將為小讀者們逐一細說生肖的故事。

中國文化源遠流長，有很多傳誦已久的傳說，一直深受人們的喜愛，歷久不衰，成為了我們寶貴的文化遺產。十二生肖的故事正是來自各個有趣的神話或民間傳說。這些民間流傳的故事反映了古代社會的文化特色，往往蘊含豐富寓意，承傳了中華民族的智慧、勤勞、友誼、忠誠等美德。

本書根據我國代代傳誦，耳熟能詳的十二生肖的故事，以淺白的文字演繹，結合了精美的繪畫，圖文並茂。故事情節充滿想像力，給小朋友展現中國古代神話和民間傳說的魅力。

為了加深小朋友對生肖的認識，每個生肖的故事後，附設「趣談性格」和「趣說成語」欄目，提供與生肖相關的趣聞和成語，擴闊知識面，幫助學習語文。透過這個繪本，讓小朋友認識十二生肖的由來，同時奠下學習中國傳統文化的基礎。

目錄

十二生肖的故事

鼠

——生肖之首

齊菁 編著
周旭 繪畫

鼠在十二生肖中排行第一位，到底小小的老鼠是怎樣當上生肖的第一位呢？

據說，在很久以前，玉皇大帝決定挑選十二種動物做代表，封他們當生肖，這可是神仙呢！

為了公平起見，玉帝下令，比賽那天，人間所有的動物都可以來天宮參加評選，最先趕到的十二種動物，就可以當生肖！生肖的排名次序，則按動物們到達的先後順序來決定。

　　動物們聽到這個消息，興奮極了，他們互相商量着，都說要參加評選——選上的不僅能當生肖，還能成為神仙，多厲害啊！

那個時候，老鼠和貓是一對好朋友。聽到這個好消息，他們約好第二天一起去天宮，參加生肖評選大賽。老鼠對貓說：「好朋友，明天一早我來你家叫你，我們一起去吧！」貓高興地答應了。

可是，小老鼠回家一想：人間的動物那麼多，每個都比自己漂亮、強壯，而且對人類更有用。

比如，貓會給人唸經，兔子在月亮上陪伴嫦娥，也受到人們的喜愛……

狗能替人看家守門户；龍和蛇是掌管風、雨和水的（這可幫助人類澆灌農田）；猴子能看守大山；牛和馬勤勞地為人類耕田；豬和羊的肉，是人類餐桌上的美食。

老鼠對人類有什麼用處呢？沒有啊！

再說，要比跑步的話，自己也比不過別的動物們……

老鼠越想越着急，這可怎麼辦呢？玉帝一定不會選自己做生肖的呀！得想個法子才行。老鼠在家裏走來走去，終於，他想到了一個辦法！

第二天清晨，小老鼠靜悄悄地爬起來，他沒有去叫貓，偷偷地從貓的家門口溜過去了。貓還在牀上打鼻鼾呢！

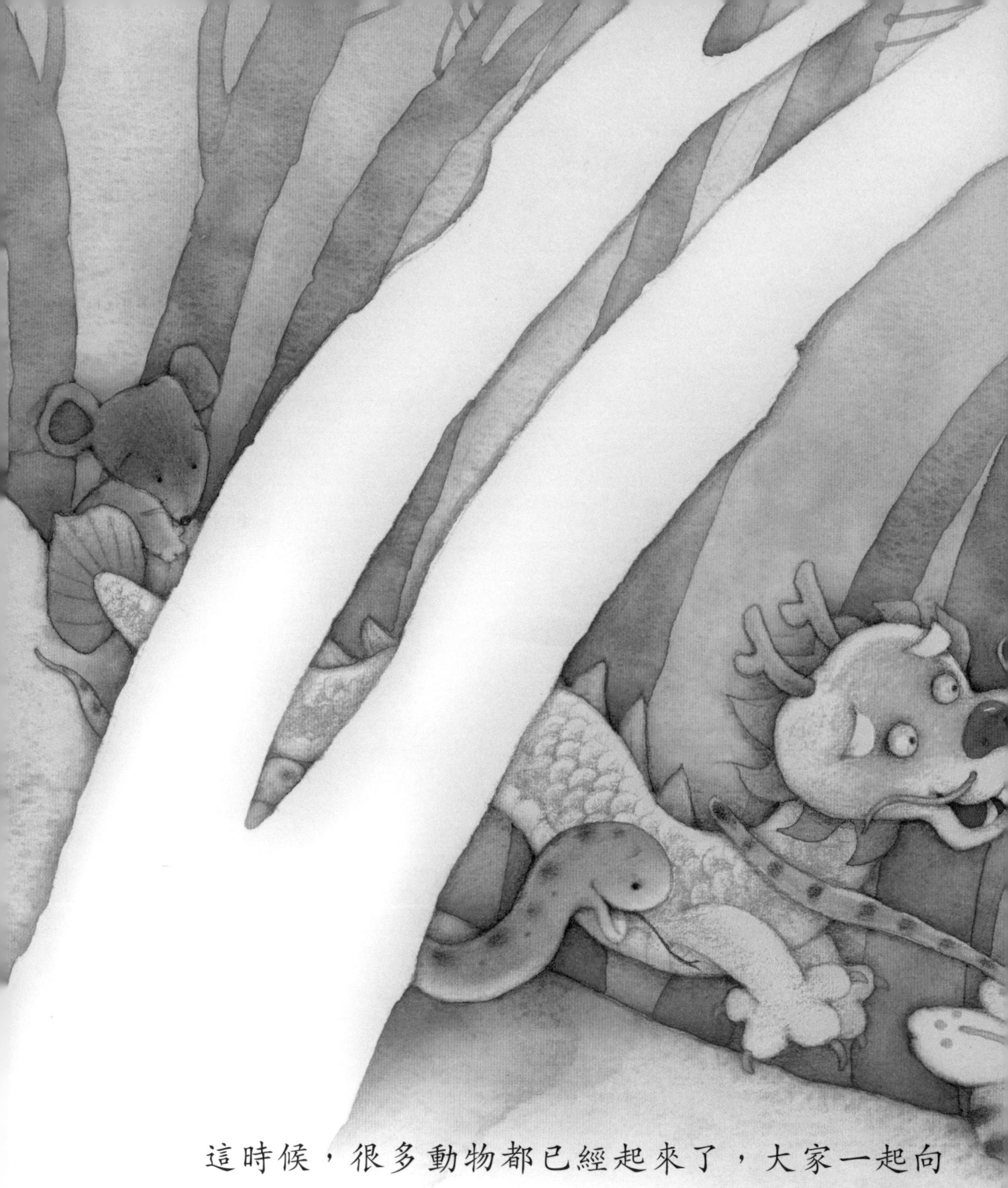

這時候，很多動物都已經起來了，大家一起向着天宮的方向走去。

牛和老虎邊走邊聊天，龍和蛇則跟在他們的後面，不久，馬、羊和猴子也加入了。

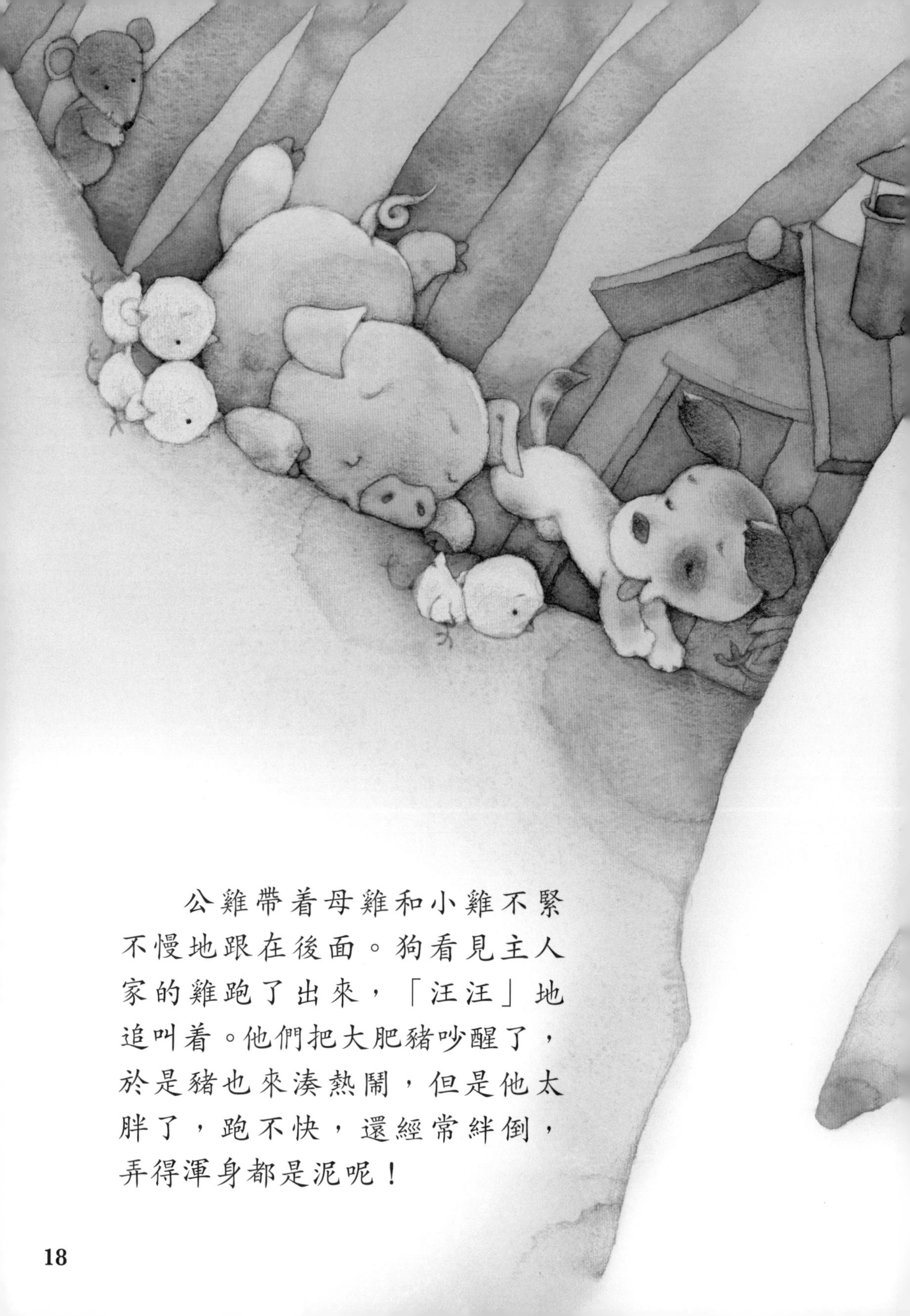

公雞帶着母雞和小雞不緊不慢地跟在後面。狗看見主人家的雞跑了出來，「汪汪」地追叫着。他們把大肥豬吵醒了，於是豬也來湊熱鬧，但是他太胖了，跑不快，還經常絆倒，弄得渾身都是泥呢！

大隊人馬路過小兔子家的時候，發出的吵鬧聲把小兔子嚇壞了。小兔子不知道發生什麼事，看大家跑，他就跟着老虎跑了起來。

「哈哈，這麼熱鬧啊！」老鼠看得十分高興。他趁大家不留意，抓住豬的尾巴，輕輕一盪，跳到了狗的背上。

接着，他滑到雞的背上，又使勁地一跳，抓住了猴子的長尾巴；被猴子的尾巴一甩，老鼠飛了出去，正好落在老牛的頭上。

老牛和老虎跑在隊伍的最前面，他們正吵吵嚷嚷，爭着誰能當第一，根本沒注意到小老鼠。

小老鼠舒舒服服地躲在老牛的頭上，老牛帶着他，穩穩地往前跑。跑呀，跑呀，離天宮越來越近了，他已經看見天宮的大門了！

這時，天突然亮起來了。

四大天王緩緩地打開天宮大門，牛還沒來得及抬腳進去，小老鼠便「唰」的一下就從牛角裏躍下，竄進大門，直奔玉帝的大殿去了。

老牛和身後的老虎被這個突然冒出來的小東西嚇了一跳，才緊跟在後面過了南天門。隨後，其他動物也陸續抵達了。

最後，十二種動物都到了大殿，玉帝按順序接見他們。動物們跑得氣喘吁吁，只有站在第一位的小老鼠臉不紅，氣不喘，得意地昂首挺胸站在最前面。

玉皇大帝金口玉牙，說過的話沒法反悔，只好封這隻小小的老鼠當生肖之神，而且還是第一名。

老鼠被冊封的時候，貓被天宮裏的聲音吵醒，這時他才發現上了老鼠的當，可把他氣壞了。

小朋友，現在你知道，貓為什麼一看見老鼠就要撲上去咬牠嗎？

● 趣談性格

鼠年出生的人，大多有樸素、節約的好習慣，做事態度誠懇。同時，他們還有心靈手巧、行動敏捷的特點。這些都是優點和長處。弱點是，心靈比較單純柔弱，防備心也比較強，所以需要注意的是，要學會調節和控制自己的感情，磨煉自己的意志。

● 趣說成語

【抱頭鼠竄】抱着頭像老鼠一樣飛快地逃跑。多用來形容受到沉重打擊，狼狽逃跑的樣子。

【鼠目寸光】老鼠的眼睛，只能看到近處、小處。形容目光短，見識淺。

【膽小如鼠】老鼠總是偷偷摸摸的，在陰暗的地方出沒，有一點動靜就飛快地逃跑。看起來膽子真的很小！所以，人們就用「膽小如鼠」來形容人膽小怕事。

【老鼠過街，人人喊打】比喻害人的東西像過街的老鼠一樣，人人見了都痛恨。

【獐頭鼠目】像獐*一樣的頭，像老鼠一樣的眼。形容人面貌醜陋，神情狡詐。

*獐：鹿科動物。

牛

——草食神仙

魏西亞　編著
趙光宇　繪畫

牛在十二生肖中排第二位，那牛是怎麼當上生肖的呢？

據説，在很久以前，天地形成沒有多久，人間還有點荒涼。人在人間辛勤地工作，而牛呢？在玉帝的殿前當羊的跑腿。那時候，人和牛互相還不認識。

有一年，人出門到田間工作，在路上走啊走啊，忽然覺得這地上太荒涼了。不是石頭就是泥土，一片灰黃，看起來光禿禿的。

人們就想，要是大地上能有點別的色彩就好了，比如植物的色彩，令大地生機勃勃。

人便向玉帝祈禱，請玉帝給人間添點色彩，最好是能給他們一些植物種子，好讓它們能在土地上抽芽生長。

吉祥如意

玉帝想，人這個要求不錯，自己也願意把人間變得漂亮一點！那麼，給他們什麼好呢……嗯，就給草籽吧！

小草生命力最強，什麼環境下都能存活，只要根不斷，就算沒有了草莖，第二年同樣可以發芽，而且長出來之後，綠茸茸的一大片，跟毯子似的，多漂亮呀！

於是，玉帝就找出一袋子的草籽來，問殿裏的神仙，誰願意去人間撒草籽。憨厚的老牛馬上就站出來，自告奮勇地說：「玉帝，我願意去。」玉帝看着他——這個老牛憨厚老實，也肯工作，卻不夠靈活。玉帝就問：「老牛，你能把這件事做好嗎？平時你可有點粗心啊！」

老牛趕緊許下承諾：「請玉帝放心，這次我肯定不會那麼粗心了，請讓我去吧！」玉帝最後同意了，還叮囑老牛說：「你到人間後，走三步，撒一把草籽，千萬別弄錯！」老牛連連點頭。

老牛背着一大袋草籽往外走，嘴裏不停地唸叨着：「三步一把，三步一把……」為什麼這麼唸叨啊？因為他怕很快便忘記了！哎呀，老牛只顧着唸叨，忘記看路了，他一不小心絆了一跤，「嗖」一聲就從天上摔下去。

「撲通！」老牛一屁股砸在地上，砸出了一個大坑！哎喲，這下摔得頭昏腦漲的，可真難受！

老牛立即爬起來，可是……剛剛我在唸叨的是什麼？三步一把，還是一步三把？老牛怎麼也想不起來。最後，他想，玉帝説的肯定是一步三把！草多點當然更漂亮啦，一定沒錯！於是，老牛認認真真地走一步，停一停，撒上三把草籽，再往前走。

就這樣，老牛把大地都走遍了，草籽也撒完了，才高高興興地返回天庭。

從那天以後，老牛就經常留意着人間的景象。可是老牛不知道，他撒的草籽太多，地上到處都是野草瘋長，令農夫都沒有土地耕種了。沒有莊稼，便沒辦法收穫糧食，人就活不下去了！

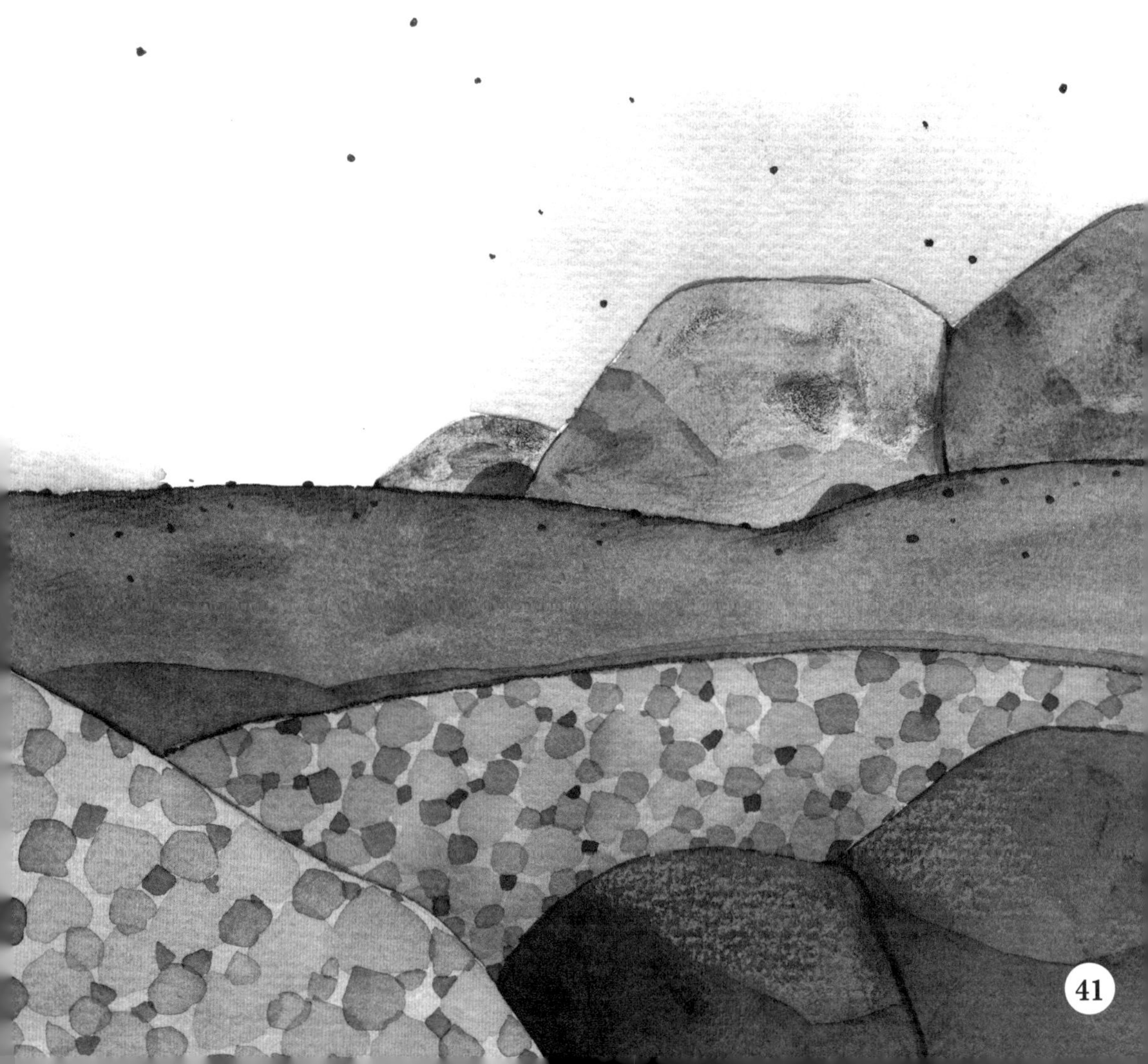

上天言好事
回宫降吉祥

人們都急得沒辦法，只好托灶神告訴玉帝，地上的野草太多了，莊稼沒法生長。

玉帝知道出了問題，召來老牛一問，才知道老牛是一步撒三把草籽，把原來的一件好事搞垮了。

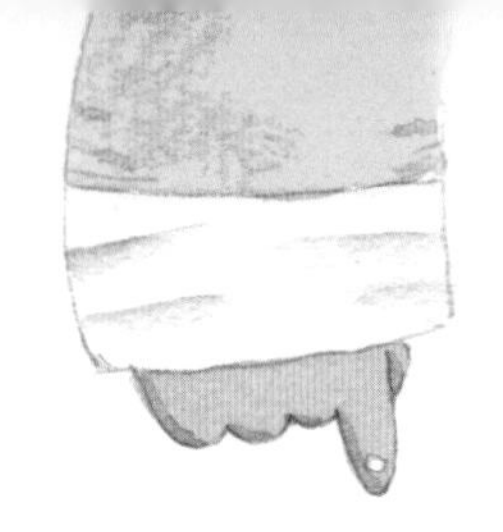

玉帝氣得指着老牛說：「你這粗心大意的老牛，弄得人間遍地都是野草，當初你怎樣保證的？從今以後，罰你去幫農夫工作，子子孫孫都只准吃草！」

玉帝說完，怒氣未消，還飛起一腳踢向老牛。老牛一個筋斗從天上掉落到人間，哎呀不好了，這次是頭朝地而落，老牛的嘴巴磕在石頭上，一排上牙都被磕掉了。

老牛就這樣被玉帝懲罰到人間。從那天開始，老牛便一輩子給農夫當苦力，還不停地啃青草，而且，直到今天，他的那排上牙也沒有長出來呢！

不過，老牛是一個知錯能改的好動物，他任勞任怨，勤懇踏實，拉車犁田從不偷懶，人們都很喜歡他。

後來，玉帝選生肖的時候，人們都一致推舉老牛。要不是狡猾的小老鼠藏在牛角上，搶先得了首名，老牛還會當上生肖首領呢！

老牛當生肖的故事，真是一波三折。不過，說到底，老牛當上生肖，還是因為他踏實勤勞。要是老牛能把粗心大意的毛病改掉，那就更好了！

● 趣談性格

牛年出生的人，大多刻苦耐勞，誠實正直，而且他們勤懇、努力，做事不偷懶、不服輸，有着很吸引人的人格魅力，不過，有時膽子有點小，比較穩重保守。

● 趣説成語

【九牛一毛】九頭牛身上有多少毛？其中一根又佔了多少的比例呢？看，這是很誇張的對比，用來比喻極大的數量中微不足道的一部分。

【牛刀小試】比喻有大本事的人先在小事情上略顯身手。

【牛頭不對馬嘴】比喻兩件事完全不能湊在一起，通常用來形容一個人答非所問。

【庖丁解牛】庖丁殺牛的時候，能把一頭牛按照肌肉的紋理、骨骼的結構飛快又整齊地分成很多塊，所以這個成語用來比喻掌握事物客觀規律的人，做事能得心應手，運用自如。

【對牛彈琴】對牛彈琴，牛根本不理你。因為牠聽不懂啊！這個成語用來比喻對不懂道理的人講道理，對外行人說內行話，也用來嘲諷說話不看對象。

虎——傲惡王者

魏亞西 編著

楊磊 繪畫

虎是十二生肖之一，排名第三位。

看，大老虎一身黑黃相間的毛皮，額頭上還有一個大大的「王」字，多威風！

你想知道，老虎是怎樣當上生肖的嗎？那個威風的「王」字，又是怎樣得來的呢？看了這個故事，你就會知道了。

傳説在很久以前，老虎只是地上的一種不出名的動物，並沒有一身了不起的本領，額頭上也沒有威風凜凜的「王」字。

那時，老虎的個子雖然很高大，可是動作卻很笨拙。有一次，老虎出來捕獵，看到一隻兔子。他趕緊四腳蹬地，想撲過去。可是他未開始發力，便「撲通」摔了一大跤！

兔子嚇了一跳，三躥兩跳便一溜煙跑掉了。

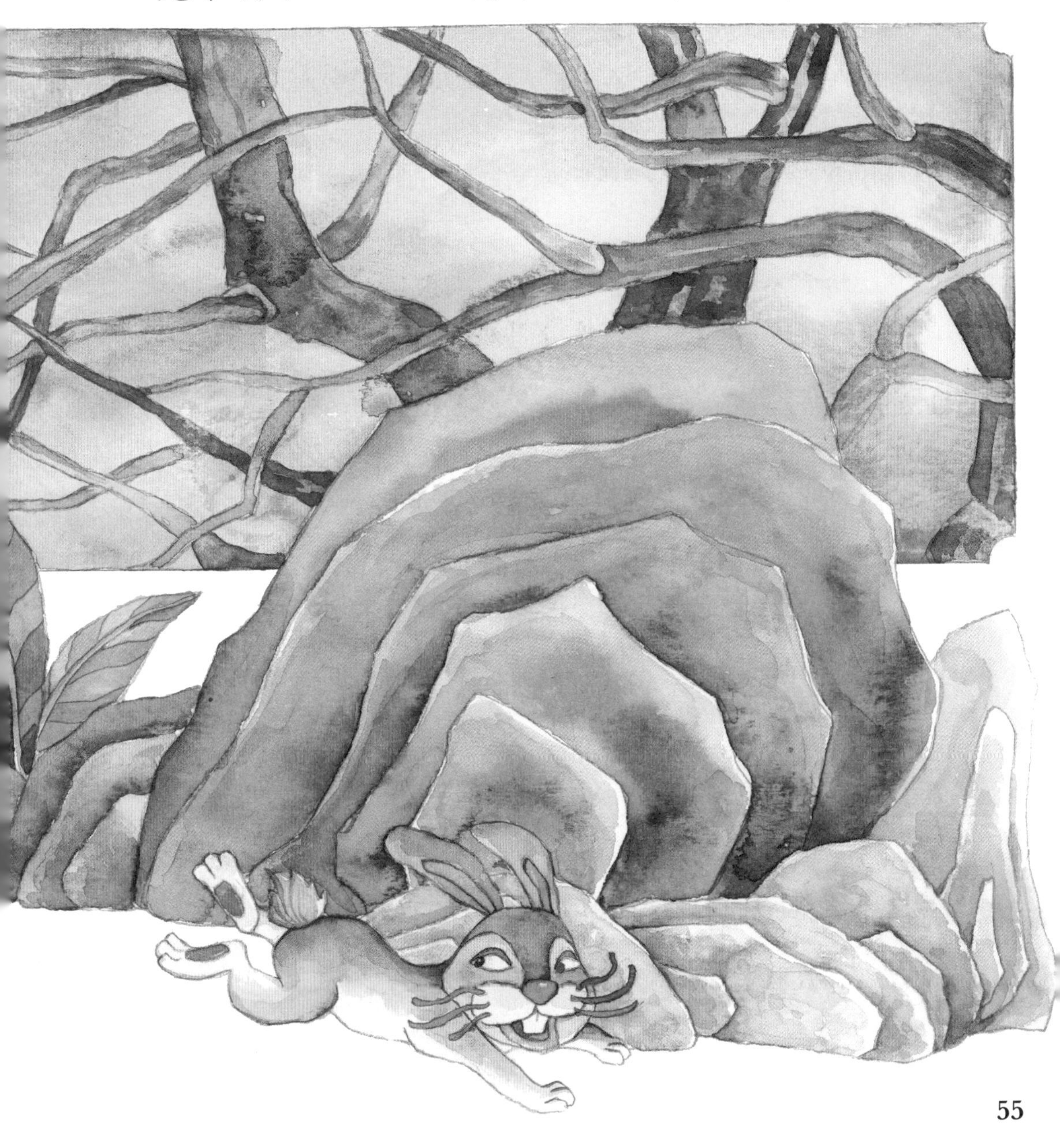

最可氣的是，那隻小兔子到了遠處，回頭看着老虎，鬍子一翹一翹的，好像在笑他。

老虎十分沮喪，心裏正難受呢！「撲哧！」，身後傳來了輕輕的笑聲。老虎轉頭一看，是誰呀？這個傢伙，長得簡直和自己一模一樣！

老虎粗聲粗氣地問：「你笑什麼？」那隻動物說：「我看你只得一股蠻力，卻不懂得好好利用。你願不願意跟我學好本領？」老虎大喜，點頭說：「我願意！」

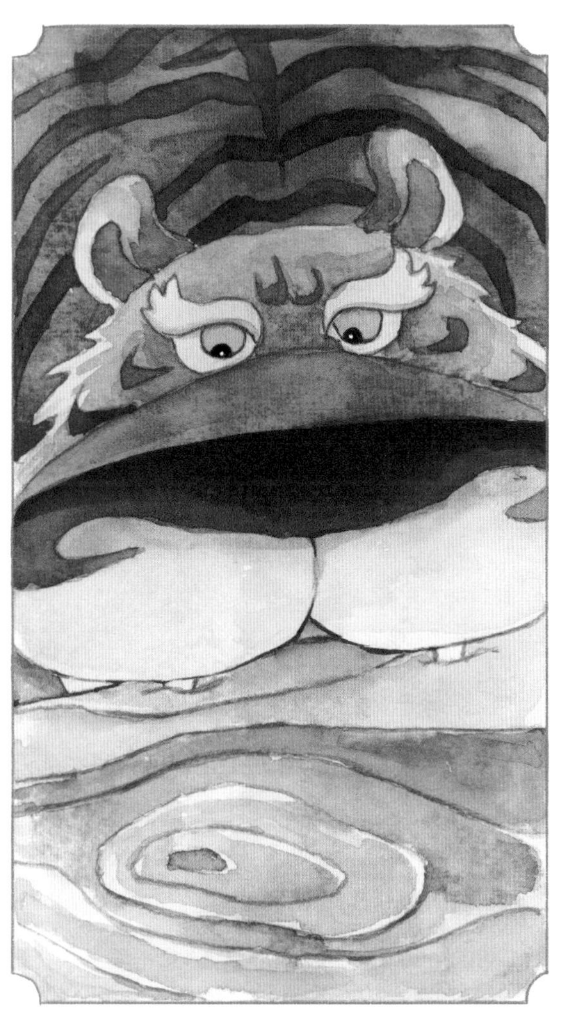

原來，這隻小動物就是「貓」。別看他個子小，本領卻很高強呢！老虎拜了貓做師傅，跟着他學了一身好武藝，會抓、會撲、會跳、會咬……

從此以後，老虎成為了森林裏的勇士，力氣又大，本領又高，再跟別的動物打架時，次次都是他取得勝利。動物們就尊老虎為王，見了老虎，都是恭恭敬敬的。

老虎的名聲越來越大，後來，連天上的玉帝也知道了，就下旨傳召老虎上天來，讓老虎跟自己手下的衞士比武。接連比試了好幾場，老虎場場都打贏。玉帝大喜，就封老虎做天宮門口的殿前侍衞。

誰知道，老虎上了天，地上的飛禽走獸沒了獸王，就亂了起來，他們都不想安份守己地留在原居地，於是一個個偷偷地往森林外的村子方向跑去。

這下森林附近的村民遭殃了。這些動物們，今天跑來抓隻雞，明天跑來咬隻羊……更有些兇惡的動物傷害了人類！

人們深受禍害，就連土地神也管不了，於是奏上天庭，請玉帝委派一個勇猛的天將下來幫忙。玉帝決定派老虎下去，老虎就提出一個要求：每勝一次，就給他記一功。玉帝滿口答應。

到了凡間，老虎一想：搗亂的動物這麼多，我應該先去打敗幾個最厲害、帶頭搗亂的，別的動物肯定就不敢再來了。

在老虎打聽之下，當時是獅子、熊、馬這三種動物鬧得最兇，他就找上門去，向這三種動物挑戰。獅子有尖牙利爪，熊有大巴掌，馬能用蹄子踢人，他們都十分厲害，可是跟老虎一打起來，都不是他的對手！

老虎勇猛無比，咬倒了獅子，打倒了熊，撲倒了馬，最後這三個打了敗仗的傢伙只得逃回森林裏。

其他的動物聽到這個消息後都很害怕。老虎就把他們召集起來，告訴他們不准再做壞事。這些動物都乖乖地躲回森林裏去了。

老虎完成任務，就要回天宮去。路上經過東海，發現那裏有個烏龜精作怪，弄得洪水泛濫，大地一片汪洋，好多人的家都被淹沒了，只好爬到高高的山上去。

老虎十分生氣，於是又和烏龜精大戰一場，把他降伏了。洪水退卻後，人們又可以回到地面生活，大家都很感激老虎。

玉帝為了紀念老虎戰勝獅子、熊、馬的功勞，就在他的額頭上刻下三條橫線，算是記上三功。還有，老虎主動幫忙降伏烏龜精，這更要表揚，得記一大功，再添一豎吧！三橫加一豎，一個醒目的「王」字就出現在老虎的前額上。

從此以後，老虎就是百獸王了，玉帝讓他落到凡間負責保護下界的平安。

為了懲罰那些做了壞事的動物，玉帝決定除去獅子的生肖名銜，並趕他到南方去，然後由老虎補上——老虎就這樣當上生肖了。

熊呢？罰他冬天冬眠，不能吃東西，餓了只能舔巴掌。馬就被罰釘上馬蹄鐵，給人拉車、運東西。

看，這就是老虎當生肖的故事，還有老虎額頭上那個威風的「王」字的來歷。

人們喜歡老虎的雄壯威猛，還給小孩子戴上虎頭帽、穿虎頭鞋，祈望老虎幫忙守護小孩子的平安呢！

● 趣談性格

虎年出生的人，性格熱情正直、做事積極。大部分的人有着很強的爭勝心，熱衷名譽，希望名揚天下。不過，做事有時會太過於慎重、力求完美，這點也要注意哦！

● 趣說成語

【狼吞虎嚥】形容吃東西大口大口的，吃得又猛又急，好像狼和老虎吃東西的樣子一樣。

【狐假虎威】狐狸假借老虎的威勢嚇跑了百獸。比喻倚仗別人的勢力來欺壓其他人。

【生龍活虎】像威猛、活躍的龍和虎一樣。形容很有生氣和活力。

【如虎添翼】本來就很厲害的老虎長出翅膀。比喻強者再得到助力，變得更強了。

【卧虎藏龍】隱藏着的龍，睡卧着的虎，比喻潛藏着未被發現的人才或英雄。整句話的意思是指某個地方有很多傑出的人才。

兔

——天賦異能

魏亞西　編著
劉偉龍　繪畫

兔在十二生肖中排行第四。到底兔子是怎麼當上生肖的呢？民間倒是流傳着一段有趣的「兔牛賽跑」的故事呢！

據說，在很久以前，兔子和老牛是鄰居，老牛憨厚，兔子機靈，他們相處得很不錯。因為老牛老實，不愛說話，所以他們在一起的時候總是兔子說，老牛聽。

這天，兔子又開始吹牛了：「……說起跑步，我最擅長！跑起步來我最快，快得你連我的影子也看不到！」

「那天就連老虎都追不上我！牛大哥，你信不信？」

「信，信！」老牛老老實實地點頭說。對兔子的這項本領，他佩服極了！

接着，他不好意思地問：「兔老弟，你能教教我嗎？」

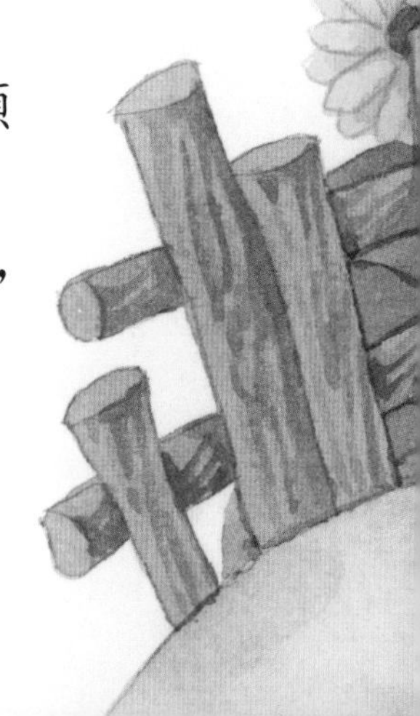

兔子把老牛上上下下打量一番，搖着頭說：「跑步可是要天賦的，你看我，腿有多長，身體有多靈活！你的身子這麼粗壯，我看是不行了。」

老牛聽了，低着頭沒說話，他心想：「兔老弟是天生的飛毛腿，我雖然條件不好，但也聽人說過：『只要功夫深，鐵棒磨成針』，要是下功夫鍛煉，我不相信練不成！」

第二天，老牛一大清早就起來跑步。五百米……八百米……一千米……越跑越長，累得老牛直喘粗氣，但他還是堅持着，繼續跑！

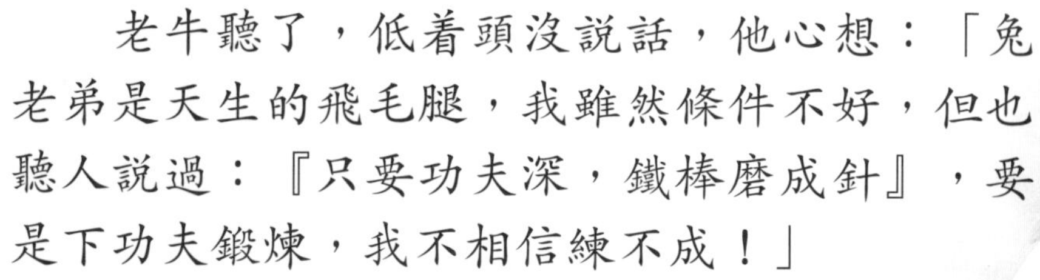

就這樣，老牛每天憑着一股牛勁堅持拚命訓練，不知不覺間，他跑得越來越快，尾巴一翹，四蹄如風，跑上幾天幾夜也不嫌累。

不過，老牛不愛張揚，不會自吹自擂，所以，老牛變成長跑健將一事，兔子一直不知道。

日子就這麼一天天的過去。

這天，森林裏忽然傳來一件大事：玉皇大帝要選拔生肖了！那些平時對人有貢獻的動物都可以報名參加。等要選生肖的那天，看誰先跑到天庭，誰就能當生肖！

動物們一聽到這個消息，都高興極了……但也有那不高興的，因為有些動物平時不鍛煉，也跑不快的，現在才練習也來不及啦！

大家紛紛報名，老牛跟兔子也報名了，他們約好，第二天一大清早，雞一啼時就出發。

當公雞在清早啼叫時，老牛便立刻起牀去找兔子，結果一看——不在，原來兔子早就跑啦！

其實，兔子極想做生肖的第一名，怕別人跟自己爭，夜裏翻來覆去睡不着。後來，他實在忍不住，天沒亮就起牀了，也不等老牛，自己一個直奔往天庭。

這時候天剛蒙蒙亮，路上靜悄悄的。兔子跑了好一陣子，回頭一看，沒有任何動物的影子。

又跑了一陣，還是不見有動物追來，兔子有點兒鬆懈，心想：我今天起得最早，跑得又最快，肯定沒有誰能追得上我！

兔子接着又想到，現在其他動物連影都沒有呢！我領先這麼多，就算睡一覺起來，生肖的第一名也肯定是我的！

就是這麼一鬆懈，兔子便突然覺得眼睏起來，由於昨晚沒睡個好覺，他開始感到疲累了。於是，他就鑽到路邊的草叢裏，呼呼大睡起來。

兔子開始睡覺的時候，老牛正拚命地往這邊趕來。這時候，長期鍛煉的效果就顯現出來了。

只見老牛「吭哧吭哧」，一步也不停地跑，一路上越過了無數的動物。很多動物也跑不動，都停下來歇息，只有老牛一鼓作氣，跑到天宮。

這個時候，兔子還未睡醒呢！

兔子正在草叢裏做着美夢，突然聽到「咚咚、咚咚」，一陣急促的腳步聲。

兔子睜眼一看，原來是老虎，一陣風似的從他身邊跑過。

這下兔子急了，趕緊起來追趕。可是，老虎跑得也不慢啊！兔子整天吹牛能跑得過老虎，其實是老虎還未學會高強本領的時候，那時候老虎連兔子也未能捕獵到呢！自此以後，老虎便沒和兔子比過賽跑！

兔子馬上拚命地追趕，可惜還是慢了一步，最後落在老虎後面。

更讓兔子驚訝的是，不僅老虎比他快，連老牛也早就到達了。老牛一見兔子，迎上來憨憨地問：「兔老弟，為什麼路上沒見過你呢？」兔子的臉「唰」的一下全紅透了。

原來，在競逐生肖時，老牛的兩隻角之間蹲了一隻投機取巧的小老鼠，老鼠比老牛搶先到——結果，最後兔子只排到第四位，前三名是鼠、牛、虎。

兔子雖然當上了生肖，可是總覺得臉上無光，一見老牛就臉紅。回家以後，他就把家搬到土洞裏。

直到現在，野兔也還是生活在土洞中。不信嗎？你到野外去看看，地面上那圓圓的洞裏，探頭探腦的可不就是兔子嗎？

● 趣談性格

兔年出生的人，思維敏捷，幽默感強，大多都有藝術細胞，是天生的藝術工作者。缺點是容易因為天賦高而滿足，只依靠天生的才能，而忽略後天的努力。

● 趣說成語

【守株待兔】想捉兔子但又不主動去找，反而守着大樹等兔子撞上來。比喻不主動努力，只抱着僥幸的心態，希望得到意外的收穫。

【兔死狗烹】兔子死了，用來捉兔子的狗也沒用了，結果就連狗也被煮來吃。比喻有事的時候被重用，事情成功之後，有功的人反而被拋棄或毀掉。

【兔死狐悲】兔子死了，狐狸也很傷心。比喻因為同類的不幸而感到悲傷。

【動如脫兔】動物們要生存下去，都要有自己的本領。小兔子的本領之一，就是逃跑起來特別迅速，所以人們就用這個成語來比喻行動敏捷。

【狡兔三窟】窟：洞穴。小兔子為了保護自己，會在洞穴裏鑽很多洞口，減低被敵人發現自己的機會。古人看見了，就以為一隻兔子有好幾個洞穴。他們讚歎兔子的聰明狡猾，就用這個成語來比喻藏身的地方特別多。現在則常用來比喻掩蓋的方法多、計劃周密。

龍——水族之王

魏亞西　編著
朱世芳　繪畫

龍是一種在神話和傳説中出現的動物，那麼人們是怎樣「創造」龍這種動物呢？

古時候，人們早睡早起，清晨時，天空經常會起大霧。人們看着天空的雲朵時，常常想好像有什麼在天上若隱若現……那是龍的身影嗎？

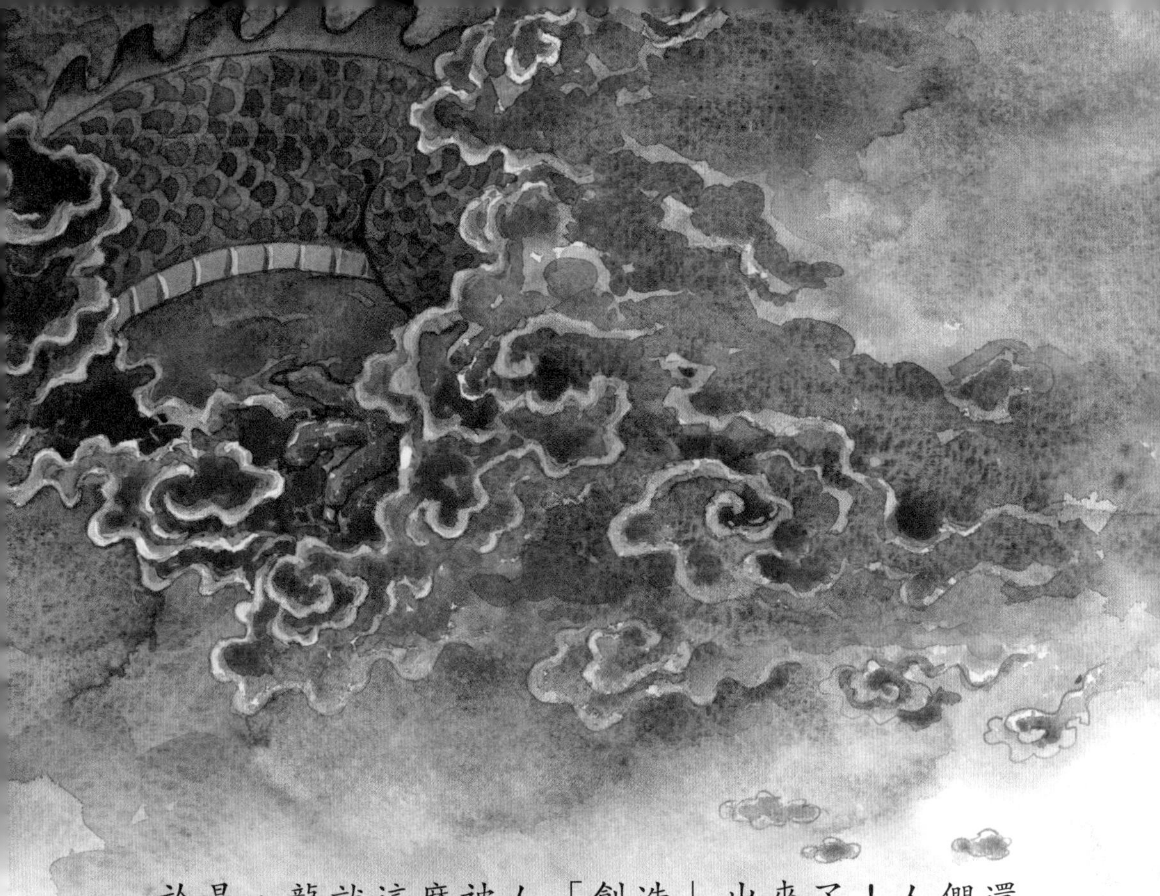

於是，龍就這麼被人「創造」出來了！人們還說，這個時間，正好是龍開始上班——行雲布雨的時候呢！

龍在十二生肖中排第五位，那麼，龍是怎樣當上生肖的呢？這兒還有一個有趣的故事呢！

那是很久很久以前的一天了，當時龍正在陸地上跑步鍛煉身體，他的小弟蜈蚣跑來了。

蜈蚣一見到龍就歡天喜地大喊：「龍大哥，好消息！天上的玉皇大帝要評選獸王啦！還要選一些動物來當生肖呢！」

這的確是個好消息。龍為了當獸王，他最近已經和現任獸王——老虎，打架好幾次了！他們一直也沒能分出勝負。

龍心裏有些不服氣，自己身強體壯，擅長飛翔、游泳，本領不弱，為什麼就不能當獸王？不過，老虎那些爪子、牙齒、力氣，也很厲害。唉，他倆勢均力敵，難以分誰強誰弱。

這正好是一個好機會，就讓玉帝來評一評吧！

「你說，我和老虎，誰能當上獸王？」龍問蜈蚣。

蜈蚣想了想，小心翼翼地說：「龍大哥你本領那麼大，跟老虎不相上下，只是外表……」

「外表怎麼啦？」龍趕緊走到水邊，在水裏照一照自己的影子——看起來，真的好像沒有老虎那麼威風……別說老虎身上漂亮的花紋，單是他額頭上那個「王」字，就比自己神氣得多了。

蜈蚣看龍對着水面發愁，靈機一動，想出個主意來：「公雞有一對漂亮的角，我們找他借來戴上，一定會給龍大哥添上幾分威風！」

龍聽了十分高興，就跟蜈蚣一起找公雞借角去了。

到了公雞那兒，公雞一聽龍要借他的角，說什麼也不同意。龍急了，就對天發誓說：「要是我不還你的角，就讓我回不了陸地，再也不能在陸地上生活！」

蜈蚣也擔保説：「要是龍大哥不還你的角，你就一口把我吃掉罷！」

最後，公雞終於同意把角借給龍。

龍安上角後，一下子變得威風凜凜！他信心十足，昂首挺胸地出發去天宮。

龍和虎到了天宮，玉帝一見，就喜歡上了，現在龍和虎都十分威風啊……乾脆兩個都當獸王吧！虎當陸地的百獸之王，而龍可當水裏的水族之王。選生肖時，除了鼠、牛、兔、蛇、馬、羊、猴、雞、狗、豬之外，龍和虎也一起入選。龍既能當上王，又入選生肖，他非常高興呢！

龍告別玉帝，回到凡間，就往水裏上任龍王了。可是，他想起要把頭上的角還給公雞呀！可是，龍已經習慣了自己的「新形象」了。他站在河邊看着自己的倒影，心想：要是把角還給公雞，自己就會變回以前那種平凡的樣子，這樣水族們還會服我管嗎？正在想得入神的時候，背後傳來公雞的喊聲：「龍哥哥，還我角！」

龍被這一喊嚇了一跳，他一着急，就一個轉身插進水裏。

這下可把公雞氣壞了，氣得他滿臉通紅，可他不會游泳，想找龍算賬也不行啊……他想起當時在旁為龍作擔保的蜈蚣，便去找蜈蚣！公雞一看見蜈蚣，伸頭就啄，蜈蚣嚇得馬上鑽進石縫裏。

　　龍心裏慚愧，怕見了公雞，公雞又要他歸還角，從此再也沒有上過陸地了。

自此以後，公雞的臉總是通紅的，而且看見蜈蚣就啄。蜈蚣也老是藏在石縫裏。

這個故事我怎樣知道？如果你不相信，便留意每天早上，公雞總是放着嗓子大喊：「龍哥哥！還我的角！」

龍

● 趣談性格

龍年出生的人，為人做事，勇往直前，樂於成為眾人的榜樣和目光的焦點，不過有時態度傲慢，做事會急於求成。

● 趣説成語

【車水馬龍】車像流水，馬像游龍，形容車馬很多，來往不絕。

【活龍活現】形容繪畫、雕刻或文字的描述，極為逼真。

【望子成龍】希望自己的兒子將來能出人頭地或成為有作為的人。

【畫龍點睛】傳說梁代的畫家張僧繇在金陵安樂寺的壁上畫了四條龍，不點眼睛，說點了就會飛走。聽到的人不信，催他點上。剛點了兩條，便突然電閃雷鳴，兩條龍乘雲上天，只剩下沒點眼睛的兩條。後來，人們就用這個成語來比喻作文、說話、繪畫時，在關鍵的地方加上一句、添上一筆，讓內容更生動。

【來龍去脈】山形地勢像龍一樣，有着來、去的走勢和脈絡。比喻事情的前因後果。

十二生肖的故事

蛇

——正邪化身

魏亞西 編著
李紅專 繪畫

蛇在十二生肖裏排行第六，那麼，蛇是怎樣當上生肖的呢？這個故事，跟青蛙有關……

很久以前，蛇跟青蛙是朋友。你說哪個是蛇？就是四條腿的這個呀！這時候，蛇長着四條腿，青蛙卻是沒有腿的。

可是，長着四條腿的蛇什麼也不願意做，反而是沒有腿的青蛙卻十分勤快，忙來忙去。

青蛙肚皮貼着地，蠕動着爬行，常常捉蟲子給自己和蛇吃。就算吃飽了，也閒不下來。

蛇吃飽後，懶洋洋地對青蛙說：「你還是歇一會吧，老是這樣忙，你不累嗎？」

青蛙笑着說：「這些蟲子老是禍害莊稼，我多捉一些，便可以幫助人類多一點啊！」

蛇不以為然。能閒着多好，躺着多麼舒服呀！

一個農夫帶着他的小兒子走了過來，那孩子指着田裏的青蛙問：「爸爸，那是什麼？」

農夫回答說：「那是青蛙。他幫助我們很大的忙，你別踩到他啊！」

兩人都沒注意到在一旁的蛇。農夫走時，更差點兒踩到蛇的身上，蛇驚得連滾帶爬地躲避。

青蛙聽了人的稱讚，於是就更起勁地捉蟲子了；而蛇呢，他氣得哇哇大叫，覺得人真是可恨。從那時開始，蛇見着人就咬，還偷偷溜去威嚇人養的家禽、家畜，弄得人很煩惱。

土地神知道了這事，馬上去天宮告狀。

玉帝十分生氣，就把蛇傳召上天宮，勸他別再做壞事了。蛇卻不肯認錯，還嚷着說：「是人不對！他們為什麼對青蛙那麼好，卻偏偏欺負我？」

玉帝聽了大怒，喝道：「還不肯認錯！人何曾欺負你？青蛙幫人的忙，人自然對他好；你對人有什麼好處？憑什麼要人也對你好？」

於是，玉帝命天兵把蛇的四條腿砍去，作為他做壞事害人的懲罰。從此，蛇就失去了四條腿，只能用肚皮走路了。而青蛙對人有功，他沒有腿不方便，玉帝就把蛇的四條腿賜給青蛙。

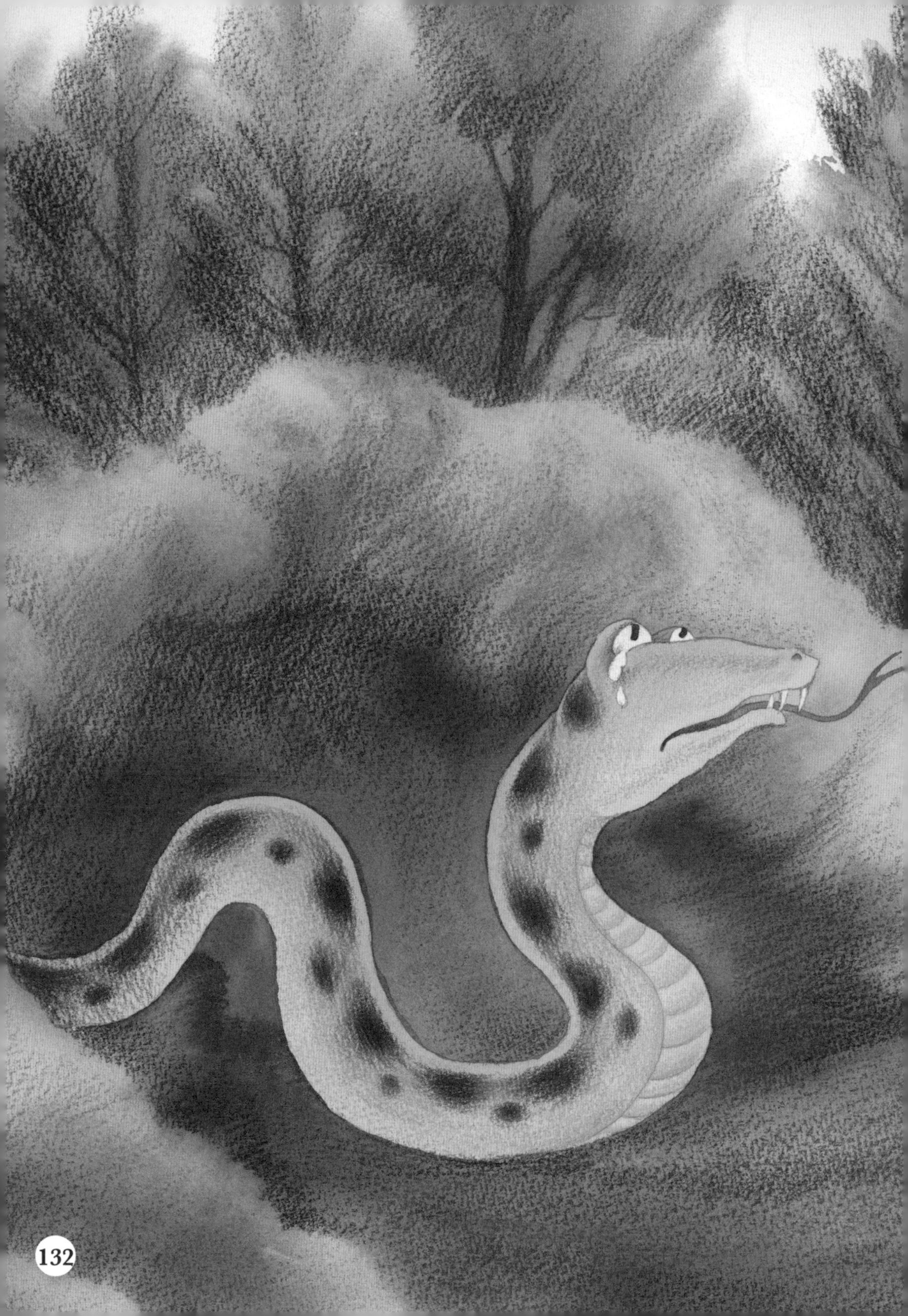

蛇沒有了腿，傷心了好一陣子，每天就是掉眼淚，更加生人和青蛙的氣。

可是，沒過幾天，肚子餓得實在受不住，蛇這才認真想起來……蛇歎了口氣，不敢再做壞事了，他開始吃害蟲、抓老鼠。

後來，蛇還拜了龍為師，跟着龍學治水。

蛇死了後，他把自己的軀體獻給人類當藥物，救治了很多病人。

玉帝知道蛇終於知錯能改，決定表揚他。於是，在冊封十二生肖時，玉帝讓蛇排在龍的後面，當上了人類的生肖。

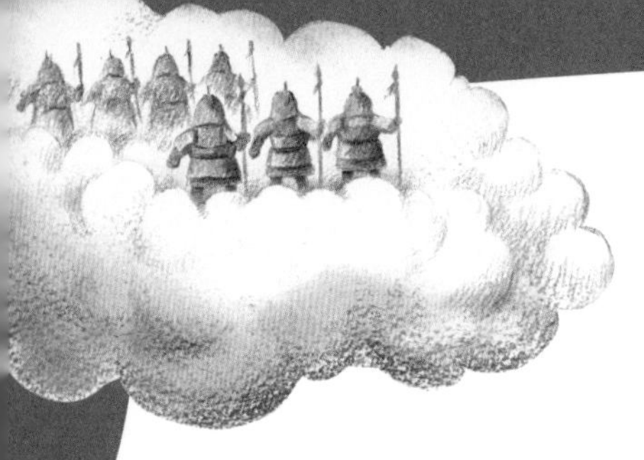

● 趣談性格

蛇年出生的人，有品味，凡事力求完美，而且做事有朝氣、勤力，不達到目的不罷休，不過有時過於追求完美就不好了。另外，有時疑心比較重，這一點要注意克服！

● 趣說成語

【打草驚蛇】用棍子撥動草叢，驚動了藏在裏面的蛇。比喻因行動不謹慎而驚動了對方，讓對方有所防備。

【杯弓蛇影】把倒映在酒杯裏的弓的影子當成了小蛇。比喻疑心太重，把虛幻的事當真，自己嚇自己。

【虎頭蛇尾】開始像老虎的頭一樣威風、有氣勢，後來像蛇的尾巴一樣細小、不起眼。比喻做事有始無終，開始聲勢很大，後來便後勁不繼。

【畫蛇添足】蛇本來沒有腳，畫蛇的時候多畫了腳。比喻做多餘的事，反而不恰當。

【蛇蝎心腸】蝎是一種毒蟲，而很多蛇也有劇毒。這個成語形容人心腸兇狠毒辣。

馬——千年好友

魏亞西 編著
于雲 繪畫

馬在十二生肖中排第七，他是怎樣成為十二生肖之一的呢？這兒也有個故事呢！

在很久以前，馬是有翅膀的。他不僅能在大地上奔跑，還能在天空中翱翔，那矯健的身姿真是讓人驚歎。

每當地面上響起「嗒嗒」的馬蹄聲，或者是天空中傳來拍打翅膀的聲音時，小動物們就仰起臉看着衝過來的馬——真羨慕呀，實在是太厲害了！

松鼠和小兔用細細的聲音說：「馬哥哥，我們也想飛，你能帶着我們一起飛嗎？」

馬爽快地答應了：「好啊，沒問題！」

馬讓松鼠和小兔坐在自己的背上，說一聲：「坐穩了！」便開展翅膀飛上了天空。他們在雲海裏穿行，風從身邊「呼呼」地颳過，翅膀扇起的氣流帶動着雲海翻湧。

松鼠和小兔激動得心「砰砰」直跳，一會兒尖叫，一會兒哈哈大笑。

他們的笑聲驚動了玉帝。玉帝讓千里眼一看，喲！外面這匹飛馬好神氣呀！

只見馬昂首挺胸，在陽光的照射下，翅膀上的羽毛都好像鍍了一層光耀耀的金邊。

千里眼連忙向玉帝稟報。

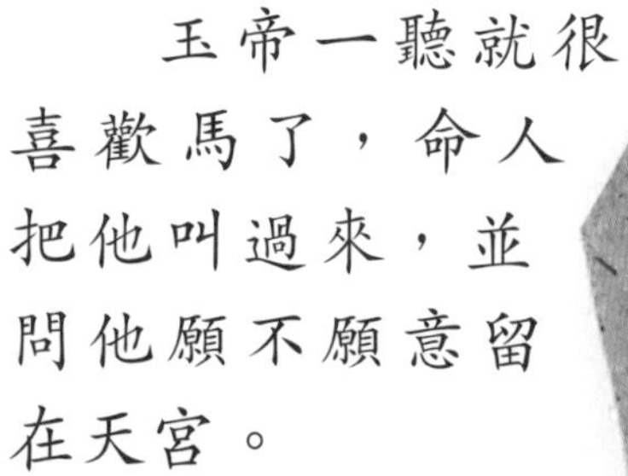

玉帝一聽就很喜歡馬了，命人把他叫過來，並問他願不願意留在天宮。

馬高興地答應了。於是，玉帝就封馬為殿前御馬，又叫「天馬」。

　　玉帝對天馬喜歡到不得了，給他建了一座御馬苑，讓管馬的官員把最好的水果都給他吃，還吩咐：天馬可以在天宮裏隨處跑，誰也不准攔着。

　　就這樣，天馬在天宮東跑跑、西逛逛，過得十分逍遙呢！

最初，天馬在天宮裏怎麼也玩不夠——瓊樓玉宇，瑤池仙花，多美呀！但時間長了，慢慢也看慣了，他就覺得無聊起來。

後來，他就常常溜出天宮，去找以前經常一起玩的同伴。可是，他現在太驕傲了，眼睛總往上看，同伴們跟他説話，他都愛理不理的。

慢慢地，大家都不跟他玩了。

天馬想：玉帝那麼喜歡我，你們不跟我玩，我才不稀罕呢！哼，我自己一個去玩！想着，他拍拍翅膀飛起來。

天馬故意從同伴們的頭頂上低低地飛過去，颳起的大風把大家弄得東歪西倒，但他還樂得哈哈大笑。

他沒發現，自己越來越傲慢了。

　　這天，天馬又跑出去玩，一路來到了東海。海裏的龍宮金碧輝煌，真漂亮呀！天馬心裏直癢癢，很想進去看看。

守宮門的神龜和蝦兵蟹將攔着他不讓他進去，説他沒有通行證，不合規矩。

天馬怒了，跟神龜打起來，結果不小心，一腿把神龜踢死了。

這下天馬可嚇壞了，可是禍已經闖下，後悔也來不及了。

龍王把這件事告到了天宮，玉帝一聽，又是生氣，又是痛心——都是自己把天馬寵壞了！

　　做錯事就得接受懲罰。玉帝下令削去天馬的雙翼，還把他壓在崑崙山下，三百年不許翻身。

　　一轉眼，兩百多年過去了，這時，人類的始祖——人祖，要從崑崙山經過。

天宮御馬苑的神仙聽說了這件事，就偷偷給天馬送了一封信，告訴他走出大山的辦法。

天馬牢牢記住。

於是，當人祖從這兒經過時，天馬大喊道：「善良的人祖，請救救我吧！我願意跟你一起去人間，終生為你效力。」然後，天馬跟人祖講述了自己的經歷。

聽到天馬已經被壓在這兒二百多年了，人祖很同情他，又知道他是真心悔改，就按照天馬說的，上山砍去了山頂上的桃樹。

桃樹一倒，天馬使勁一掙，就聽見「轟隆隆」一聲巨響，崑崙山被頂起來又重重地落下，天馬從崑崙山下面一躍而出！終於得到自由了！天馬激動得熱淚盈眶。

為了報答人祖的救命之恩，天馬跟人祖一起來到人間，從此生生世世都為人類效勞。經過了上次闖禍的教訓，天馬——現在應該叫他「馬」了——再也不任性妄為了，平時就老老實實地幫人拉車、馱東西、送信。

到了打仗的時候，就戴上馬鞍、披上戰甲，和戰士們一起征戰沙場，屢建戰功。

就這樣，馬真正成了人忠誠、親密的好朋友。

　　因為馬為人類做了很大的貢獻，玉帝選生肖的時候，人就把馬推選上去。玉帝也很欣慰馬能立功贖罪，很高興地批准馬當上了生肖。

　　馬跟人的友誼持續了幾千年，直到今天，我們在草原、鄉村、賽馬場上等好多地方，依然能看到馬的身影。勤懇、忠誠的馬，一直是我們人類的好朋友！

趣談性格

馬年出生的人，一般活潑開朗、和善可親、很有幽默感；做事習慣搶先一步，富有開拓精神，有着不服輸的衝勁，辦事成功率很高，但是有時會以自我為中心，耐性不足，往往還有浪費的習慣，需要注意克服。

趣說成語

【一馬當先】原來指作戰時策馬衝在最前面，現在用來比喻起帶頭作用，走在領先位置。

【馬不停蹄】馬不停地跑，比喻不間歇地前進，或者連續不斷地工作。

【蛛絲馬跡】蜘蛛的絲、馬的腳印，順着這些蹤跡能找到什麼呢？能發現蜘蛛和馬在哪裏，也許還能找到牠們藏身之所呢！所以，人們用這個成語來比喻調查事件時隱約可尋的線索。

【單槍匹馬】一桿槍加一匹馬，指一人上陣。比喻不借別人的力量，單獨行動。

【一言既出，駟馬難追】駟音試，古時駕一輛馬車的四匹馬。這裏指話一說出口，就是四匹馬拉的車也追不回來。表示說話算數。

羊

——衣食天恩

魏亞西 編著
草草 繪畫

十二生肖裏的第八個是可愛的、「咩咩」叫的羊。很久以前，人就馴養了羊，人們放牧羊羣，得到羊奶、羊毛、羊肉……人和羊的關係這麼密切，於是人選生肖的時候，便把羊選進去。

不過，關於羊是怎樣當上生肖的，這兒還有一個更有趣的傳說……

據說，在很久以前，人是不吃羊肉的。為什麼呢？因為羊幫助過人類，是人類的恩人呢！

　　那時是在遠古洪荒的時候，天地開闢後還沒多久。廣闊的大地上生活着人類，高高的天穹*上居住着神靈。

　　在華美巍峨的天宮裏，住着一隻可愛的小白羊。他是玉帝的寵物，常臥在玉帝的寶座旁邊。玉帝在和大臣們交談的時候，會不時垂下手臂，撫摸小羊柔軟的長毛。

　　玉帝很寵小羊，小羊的生活很快活。

*穹：音窮，天空的意思。

小羊悶了，就會在天上到處遊逛。有時候，他會溜出去白雲上遙望人間。

人間的大地是怎樣的呢？天宮是四季如春的，而人間卻是四季分明。小羊看着地上四季的變換，有一天，終於忍不住偷偷地溜了下去。

這時候正是冬天，正值大雪紛飛。小羊第一次見到雪，高興得蹦蹦跳跳。他跑啊，笑啊，興奮極了。

「哎呀，不好了……」小羊一不小心掉進了一個雪洞裏！

小羊的腿受傷了，好痛；雪越落越大，好冷；回不了家了，很着急！小羊越想越難受，「嗚嗚」地哭起來，邊哭邊喊：「有人嗎？救救我呀！」

哭啊，喊啊，小羊的嗓子都快哭啞了。忽然，有個圓溜溜的小腦袋從雪洞上的邊緣伸過來——原來是一個小男孩！

小男孩小心地爬下雪洞，把小羊抱了上去。

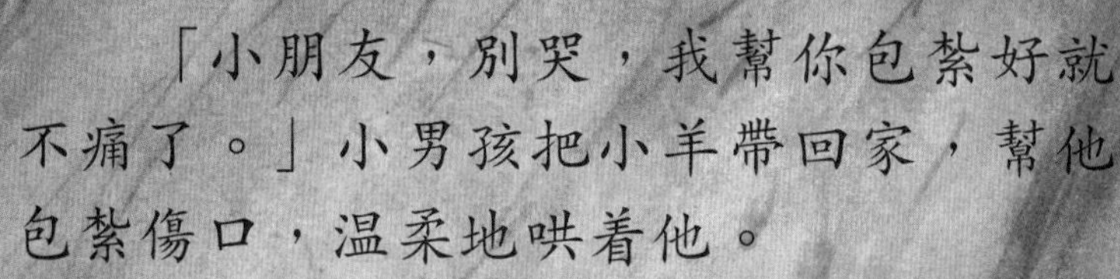

「小朋友，別哭，我幫你包紮好就不痛了。」小男孩把小羊帶回家，幫他包紮傷口，溫柔地哄着他。

小男孩一家人看見小羊，都很喜歡他，婆婆盛了一碗野菜湯來給小羊喝。

眼看他們只有蔬菜，於是小羊好奇地問：「你們為什麼不食米粥？」

原來，當時人間並沒有稻米啊！不僅沒有稻米，也沒有稷*、麥、豆、麻……沒有五穀，吃不飽，穿不暖，難怪人們都面黃肌瘦的。小羊看着這些新朋友們，心裏很難過。雖然人間的生活條件差，可是大家對小羊都很好。

*稷：音跡，一種屬於黍類的農作物，古時人類的糧食之一。

在大家的細心照料下，小羊的傷很快便痊癒了。他和大家依依不捨地告別，又回到了天宮。

這次回來，小羊心裏一直惦記着一件事：他想幫助人類朋友們，他要去請求玉帝，把穀種分給人類！

可是，玉帝拒絕了小羊的要求。但小羊並不放棄，趁着半夜看守御田的天神熟睡了，摘下五穀，然後偷偷到人間把種子交給小男孩一家，又教他們種植五穀的方法。

小男孩一家人把五穀的種子分給了大家。人們播下了種子，同年便長出了莊稼。

農作物收成的季節到了，小男孩看着沉甸甸的穀穗，驚奇地對爸爸說：「爸爸你看，這多像小羊的尾巴！」

這個冬天，人們第一次收穫了又香又甜的糧食，穿上了又輕又暖的麻布衣裳。人們歡呼雀躍。想到這都多虧了小羊，人們就舉行了祭祀儀式來感謝小羊。

可是，沒想到，人們的祭祀活動驚動了玉帝。玉帝看到人間出現了五穀，一查之下，發現原來是小羊把穀種帶給了人間。玉帝大怒，下令小羊放逐到人間，關起來，並想要處死他。

人們發現小羊沒有再出現了，不知道他去了哪裏。大家到處尋找着小羊。而在小羊逗留過的地方，長出了一株幼苗。

小男孩很想念小羊，他天天來找幼苗說話。

第二年的春天，那棵幼苗長成了高高的大樹，樹枝就像羊角一樣彎彎的，結的花苞像羊毛一樣毛茸茸的。一天，滿樹的花都綻放開來，每一朵盛開的花裏，竟然都跳出了一隻小羊！

其中一隻小羊，一下跳到了小男孩的懷裏。小男孩抱着小羊，高興地喊：「我的小羊回來了！」

可是，小羊再不會説話了，他只會「咩咩」叫。

　　從此，羊在人間住了下來。人們保護着羊，而羊就把羊奶、羊毛獻給人類。

　　後來，人們説玉帝要選十二種動物當生肖，就一致推舉了羊。這就是羊怎麼會當上生肖的故事。

小羊喜歡羣體生活，羊羣越來越壯大，你看草原上的羊羣，像不像一朵朵移動的白雲？

● 趣談性格

羊年出生的人，個性純和，待人親切；平時遇事待人，都不喜歡紛爭，鍾愛和平。弱點是容易優柔寡斷，不順心的時候愛埋怨，要注意調整心態啊！

● 趣說成語

【亡羊補牢】亡：失去；牢：關住牲口的圍欄。從前有一個人丟了羊以後不願意修補羊欄，因為他覺得，羊都已經丟了，現在再修補羊欄已經沒用了。結果第二天又有羊丟了！這下他趕緊把羊欄修補好。這就是「亡羊而補牢，未為晚也」。意思是說，羊丟了趕緊修補羊欄，還不算太遲，可以避免再失去更多羊。比喻出了問題以後想辦法補救，可以防止繼續遭受損失。

【順手牽羊】順手把人家的羊牽走。比喻乘機做事，不費力氣。後來多用來比喻乘機拿走別人的東西。

【羊腸小道】指彎彎曲曲，又非常狹窄的路。

【羊落虎口】羊落到了老虎的嘴裏。比喻正身處險境。

猴

靈巧智者

魏亞西　編著
高晴　繪畫

十二生肖裏排第九的是機靈的小猴子，小猴子喜歡追逐玩鬧，玩得高興了就大喊大叫，聲音又長又洪亮。這麼活潑好動的猴子到底是怎樣當上生肖的呢？

傳說在很久之前，老虎和猴子是鄰居，他們關係很好。

他們各有各的長處。老虎力氣大，爪和牙齒都很鋒利，能保護猴子，不讓人欺負；猴子機靈，會爬樹，經常摘果子給老虎吃。

後來，玉皇大帝封了老虎當獸王。這麼一來，山裏別的動物都怕了老虎，一見了老虎就躲得遠遠的，老虎心裏很不是味兒。

幸好，猴子跟老虎還是很好的朋友，天天見面打招呼。老虎想：慶幸還有這個好朋友，我才沒那麼孤單。

有一天，老虎到山上巡邏，一不小心掉進獵人的陷阱。陷阱又窄又深，老虎怎麼也跳不出來，急得他大吼大叫。

聽到老虎的吼叫聲，猴子跑來了。原來，虎大哥掉進陷阱裏了，怎麼辦？猴子四處張望想找動物幫忙，可是附近靜悄悄的，連一個身影也沒有。

看來只有自己能幫助他了！猴子堅定地說：「虎大哥，你放心，不管怎麼樣，我也不會讓你被獵人抓走！我一定可以把你救上來的！」老虎聽了，感動得連連點頭。

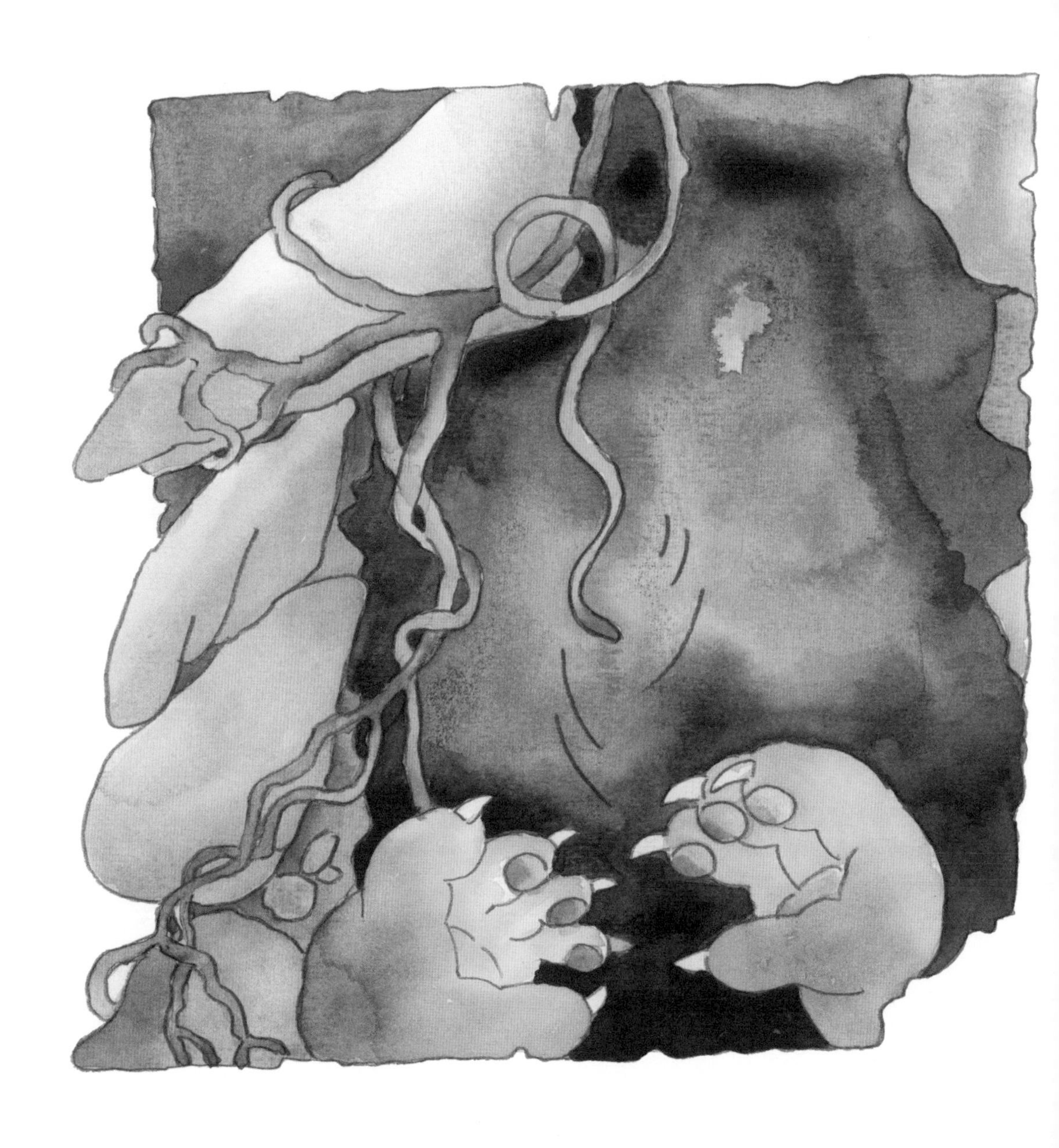

猴子先是找了一根樹藤，想把老虎拉上來。可是，老虎的爪子抓不緊樹藤，猴子的力氣也太小了，怎樣拉也拉不動。

接着，猴子想找一根木頭讓老虎沿着木頭爬上來。他找呀找，終於找到了一棵倒在地上的小樹。猴子把小樹拖到陷阱來才發現這根小樹太短了，老虎完全抓不到它。

唉，怎麼辦？猴子看着陷阱，想呀，想呀……

猴子看到跌在陷阱裏的小樹，忽然想到辦法了！

猴子到附近撿了很多樹枝、石頭，然後叫老虎躲到一邊，他不斷把樹枝和石頭掉到陷阱裏，累得滿身大汗。慢慢地，石頭、樹枝便堆成了一座「小山」，老虎踩着斜坡來到「山頂」，縱身一跳，哈，老虎從陷阱裏跳出來了！

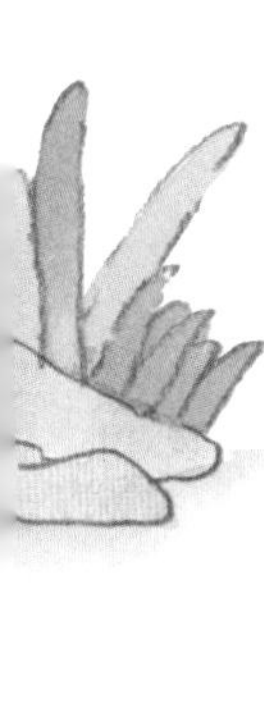

老虎感激萬分，他拖着猴子，不斷道謝。猴子笑嘻嘻地說：「我們是好朋友，好朋友本來就該互相幫助啊！」老虎也笑起來。

從此以後，老虎和猴子的友情就更深厚了。

而且，經過這事，老虎覺得猴子老弟真聰明。於是，每當老虎遇到什麼麻煩事，就來找猴子，請他幫忙出主意。

這天，老虎又來找猴子了。他老遠就開始嚷着：「猴老弟，黑熊吵着説自己什麼都比松鼠強，不許松鼠住在自己上面。」

原來，黑熊和松鼠是鄰居，他們住在同一棵大樹裏。黑熊住在樹下，松鼠住在樹上。

黑熊不滿松鼠常常在樹上蹦蹦跳跳，想把松鼠趕走。松鼠覺得十分委屈，不想離開。於是，他們便找老虎大王來評理。

猴子想了想，那麼就讓黑熊跟松鼠比一比，要是黑熊贏了，松鼠就會搬家。

接着，猴子搬來兩個簸箕*，裏面裝滿了小小的黃豆，還有松子。猴子說：「你們把這裏面的松子挑出來，看誰分得快！」黑熊傻眼了。

*簸箕：簸音播。人們利用它來盛糧食豆穀，把它上下顛動，就可揚去糠秕塵土。

松鼠的小爪子一伸一縮，挑得飛快；黑熊呢？伸着大巴掌左撥右撥，把黃豆撥得滿地都是，急得滿頭大汗。最後，比賽結果當然是黑熊輸了。

這下，黑熊耷*拉着腦袋，再也不嚷着要松鼠搬家了。老虎看了，很佩服猴子的聰明，從此以後，更把猴子當成了軍師。

有時候，老虎外出，他就請猴子幫忙管理森林裏的百獸。猴子頭腦機靈，又有老虎撐腰，把森林管理得井井有條。「山中無老虎，猴子稱大王」這句話，說的就是這件事呀！

*耷：音答，下垂的樣子。

很多年以後，玉皇大帝要選生肖。老虎身為百獸之王，理所當然地當選了。老虎知道猴子羨慕他，也很想當生肖，想想猴子曾經救過自己，就去請求玉帝。

老虎説猴子靈巧多智，可以説是百獸裏最聰明的；自己不在森林的時候，猴子幫忙管理百獸，也有功勞。於是，玉帝下旨，把猴子也列入生肖之中。猴子終於當上了生肖，他高興極了！

小朋友，這就是猴子當生肖的故事。這個故事告訴我們：智慧有時比武力更重要！

● 趣談性格

猴年出生的人，性格活潑，積極向上，社交能力強，還有較強的領導能力。這些都是「猴寶寶」的優點。缺點是容易缺乏耐性。如果再針對這一點多加磨練，會更容易取得成功。

● 趣説成語

【猴年馬月】猴、馬都是十二生肖之一，猴年的馬月每十二年才到來一次。比喻不可指望的日期。

【尖嘴猴腮】嘴巴尖突，臉頰瘦長。形容人面部瘦削，相貌醜陋。

【殺雞儆猴】殺雞給猴看，讓猴子感到害怕。比喻嚴懲一人用來警戒眾人。

【沐猴而冠】沐猴：獼猴。冠：戴帽子。猴子就算模仿人那樣戴上帽子，牠到底還是猴子，不是真人。比喻外表裝扮得很像的樣子，但內裏本質不好。常用來諷刺投靠惡勢力、竊據權位的小人。

雞

——棄惡從善

魏亞西　編著
劉振君　繪畫

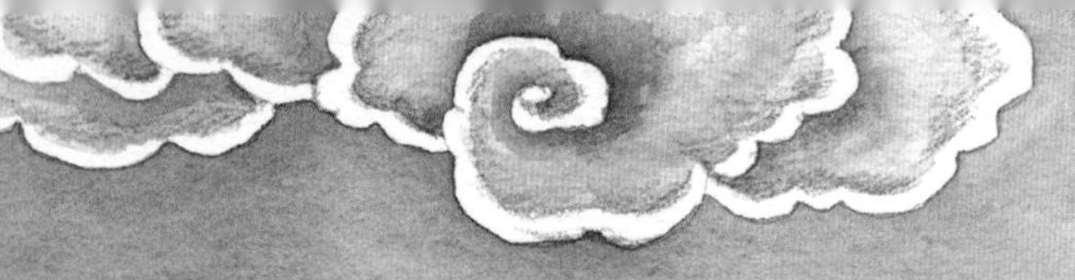

雞在十二生肖中排第十，雞是怎麼當上生肖的呢？這兒有一個長長的、有趣的故事……

據說在很久以前，雞還沒開始清早雞啼的工作。那時候的雞是一個爭強好勝的傢伙，特別易生氣，一生氣就豎起雞毛跟其他動物打架。

後來，玉帝要選十二種動物當生肖了。據說，入選生肖的標準，就是這種動物對人類要有貢獻。當時，第一輪預選已經開始，馬、羊、豬、狗等動物都入選了，雞呢？他只會打架，當然沒有他的份兒了。

雞看着入選的那些動物，想着將來他們要是被封為生肖，就成為神仙了，還會被人尊敬、供奉，雞羨慕極了。

有一天，雞跑去問馬：「馬大哥，你怎樣入選生肖的？」

馬回答說：「我平時耕田、運東西，打仗的時候還能和人一起上戰場衝鋒陷陣。我做了這麼多事，當然會受到人的愛戴啦！」

城皇庙

馬接着說：
「你想得到人們
的愛戴，其實不
難，只要你能實
實在在地給人們
辦事就行了。」

「你看，牛能耕田，狗能守門，豬一身都是寶，能供人肉食，龍會行雲降雨……你要是也有一樣的本事，能幫助人，説不定也能入選呢！」

雞聽了馬的話，雞就開始想着這個關乎到自己一生的重大問題，想呀想：我到底能為人做什麼呢？

第二天早上，雞被一陣「叮叮哐哐」的聲音吵醒了。原來是人睡過頭，起晚了，正手忙腳亂地找鋤頭、拿籮筐呢！

雞聽到人後悔地嚷着：「遲了遲了，今天不知道能不能完成農田裏的工作呢！」

這時，雞在旁聽了卻很高興，因為他想到自己能做什麼了！自己天生嗓門響亮，可以每天叫人起牀呀！

說着，雞便開始行動，信心十足地開始「雞啼」這份工作了。

不過，萬事起頭難。第一天，雞起得太早，半夜就把人叫醒了，氣得人把他教訓了一頓。

第二天，雞早早起了牀，盯着一輪紅日從天邊慢慢升起來，才亮開嗓子，把人們從睡夢中喚醒。

人很高興——有了雞報時，再也不會耽誤田間的工作了！人很感激，就向玉帝祈禱，請玉帝把雞也選為生肖。

可是，原來當時玉帝選生肖還有一個標準：只要走獸，不要飛禽。所以，對人有功的馬、牛、羊、狗和豬都入選了，輪到雞的時候，就沒有份兒了。

這下雞可急壞了，他又哭又喊，急得眼也紅了，就連脖子也越喊越細小，可是，這沒有用，因為他怎樣喊玉帝也聽不到呀！

雞為了這件事，日想夜想，有一天晚上，他睡着以後，做了一個夢……

雞夢見自己飛到了天宮，看見玉帝，於是便向玉帝哭訴。

雞哭着說：「玉帝，我為了按時叫人起牀，起初，每天睡覺都睡不好，因為總怕自己晚了起牀。有時候，碰上陰天，我看不準時辰，不敢叫，還要被人埋怨呢！」

「過了很長的一段時間，終於每天都能準時起來，就算當日不出太陽，我也能知道時辰，再也沒耽誤過叫人起牀的時間。您看，我為了幫人的忙，費了多大工夫啊！可您不讓我入選生肖，我實在想不通啊！」說完，雞便掉下眼淚。

玉帝一想，這倒也是事實，雞每天叫人起牀，讓人不耽誤工作，功勞確實很大，於是便覺得自己的這個規定不合理。

雖然玉帝想改正，但又不好意思認錯，就摘下自己宮殿前面的一朵紅花戴在雞的頭上。

雞醒過來以後，發現自己頭上真的有一朵大紅花，知道這個夢是真的。他高興極了，於是趕緊戴着紅花去見四大天王。

四大天王一看，這不是玉帝殿門前的「雞花」嗎？這下他們都明白：玉帝這是想着法子暗示他們呢！於是，他們都笑呵呵地同意讓雞參加生肖的選拔。

選拔生肖那天，雞和狗同時起牀，一起向天宮前進。在宮門前，雞一着急，便使勁地拍動翅膀，飛撲搶到狗的前面。就這樣，雞和狗都入選了生肖，不過雞排在狗的前面。

從此以後，雞和狗的關係就不好了，狗見了雞就追。直到今天，我們還經常看到，雞還不時被狗追到飛甩雞毛呢！至於雞，到現在還是紅着臉，每天一大早便起來雞啼，頭上仍然戴着那朵漂亮的大紅花。

這就是雞當選生肖的故事。雞用他的故事告訴我們：只要努力去爭取，才有機會成功！

● 趣談性格

雞年出生的人，頭腦聰慧，反應敏銳；待人直率，做事果斷；有遠見，有計劃。但是，他們有時會以自我為中心，做事固執，也可能會因為性子太急而導致事情未能成功，因此要特別注意。

● 趣説成語

【鶴立雞羣】像鶴站在雞羣中一樣。比喻一個人的儀表或才能在周圍一羣人裏顯得很突出。

【呆若木雞】指訓練好的鬥雞，像木雕的雞一樣鎮定自若。後用這個成語形容呆笨或因恐懼、驚訝而發呆的樣子。

【雞飛狗走】把雞嚇得飛起來，把狗嚇得到處亂跑。形容驚慌得亂作一團。

【聞雞起舞】晉代的祖逖和好友劉琨，他們很有志氣，每天雞啼時就早早地起牀練劍，最終成為能文能武的全才。後來用來比喻有志氣的人及時奮發，刻苦自勵。

【雞毛蒜皮】比喻無關痛癢的瑣碎事情。

十二生肖的故事

狗

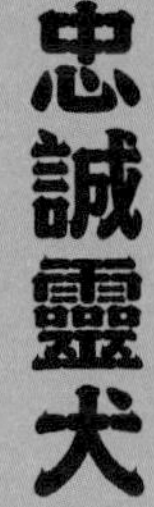

——忠誠靈犬

魏亞西 編著
王祖民、王鶯、王梓 繪畫

狗在十二生肖裏排倒數第二，狗是人類忠實的朋友，大家快來看看狗是怎樣當上生肖的吧。

傳説在很久以前，玉帝想挑選出十二種動物來當生肖。當時，所有的動物都想當生肖，因為當上生肖，那就是神仙了！

可是大家都想當生肖，選誰，不選誰呢？

玉帝就說，要選對人類有貢獻的，至於生肖的順序就按照貢獻的多少來編排。動物們一聽，都吵嚷起來，你說你好，我說我好……

這些動物裏，就數狗和貓吵得最兇。狗和貓都是在人的家裏生活，平時還算熟悉，可是現在爭吵起來，各不相讓。

説起來，狗和貓各有各的優點。狗的鼻子靈，耳朵也靈，又能咬，又能打，是為人類看守的好幫手。只要家裏有狗看守着，壞人便不敢進來。

貓的眼睛很特別，在黑夜裏也能很清楚地看見東西。他會在晚上把偷偷摸摸溜出來的老鼠抓起來。

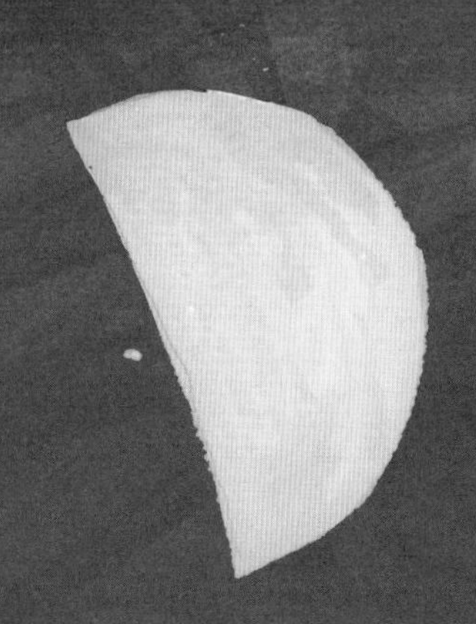

狗和貓互相看對方有點兒不順眼。狗覺得貓終日也沒做過什麼事，也就是白天在人的懷裏趴着，討人喜歡，晚上只是嚇唬老鼠而已。

貓總覺得狗吃得太多，白天也就是趴在門口，客人來了便搖搖尾巴。

貓和狗常常互相數落，越吵越厲害，最後鬧到玉帝跟前——「請玉帝給評評理吧！」

玉帝也十分頭痛，應該怎麼評理呢？他想了想便問狗：「你能做什麼，一餐吃多少？」狗老老實實地回答:「我每天看門守園，一餐吃一盆。」

玉帝又問貓：「你能做什麼，一餐吃多少？」貓靈機一動，說：「我會唸經，會自己抓老鼠吃，每餐只吃一小碗。」

貓的意思是說：我只是從人那兒要一點食物，我會自食其力，抓老鼠吃；而且我比狗會多做一樣工作，還吃得少，當然我的貢獻最大了！

玉帝聽了狗和貓的話，就斷定：貓吃得少，做事多，貢獻比狗大，於是便命人把他們送出大殿去。

出了大殿，狗才反應過來，這可把他氣壞了。他氣沖沖地對着貓說：「你只說你吃得少，卻不說你吃東西挑剔，吃的都是好東西呢！你那一小碗，比我一大盆還貴！還有，你什麼時候會唸經了？」

貓有點心虛，嘴硬地說：「你說我講大話嗎？我確實只吃一小碗啊……唸經嘛，那是你聽不懂，我平時呼嚕呼嚕的，都是在唸經啊！」

狗一聽非常生氣，追趕着貓。就這樣，貓和狗，一路上在追逐，跑回家裏去。

到了家，貓也不敢出來，因為他知道自己理虧，只好躲起來。狗找了貓好幾天，貓都東躲西藏的，狗一直沒法找到他。

玉帝聽說了這事，覺得讓動物們自己講自己的貢獻，這方法不太可靠。乾脆從頭選拔吧！他就派了天兵去通知動物們，等到了選生肖的那天，誰先跑到天宮，就讓誰當生肖。

動物們都知道這個消息了，只有貓因為躲藏起來了，無法聽到這個消息，也沒誰告訴他。

到了選生肖這天，狗一大清早就跟雞一起去天宮排隊競逐當生肖。他們跑得都不快，很多動物都跑到他們前面去了。

到了天宮門口，狗和雞都已經累得氣喘吁吁了，但仍然咬着牙往前衝。雞拚命地撲着翅膀，連飛帶跑，搶到狗的前面。

就在這時，貓才打聽到選生肖這個消息，他汗流浹背地趕到天宮，排在豬的後面，可是已經太遲了！

從此，貓恨透了老鼠，不管肚子餓不餓，見到老鼠就咬。

狗呢，雖然當上了生肖，可他誠實正直，一直不原諒貓，見到貓就追。直到今天，還是這樣！

● 趣談性格

狗年出生的人，天生誠實可靠，性格開朗，還有很強的正義感和責任心。他們做起事來規規矩矩，謹慎小心，在具體的事務中無可挑剔，不過，如果能夠多一些用宏觀的角度看事情就更好了。

● 趣說成語

【狗仗人勢】狗依仗主人的威勢亂咬人。比喻假借權勢欺凌弱小。

【狗血噴頭】過去民間有個說法：用狗血澆頭，可以讓妖魔現出原形，所以在故事中經常可以看到「用狗血潑某人，弄得他狗血噴頭」的描寫。現在這個成語多用來形容把人罵得很兇。

【狗急跳牆】比喻被逼急了，走投無路時不顧一切地採取極端行動。

【狗尾續貂】古代皇帝的侍從官員用貂尾巴裝飾帽子，後來，因為貂尾不足，就用狗尾代替。現在用來比喻拿不好的東西補接到好的東西後面，前後不相稱。

豬——誤當成仙

魏亞西　編著
響馬夫婦　繪畫

12
9

豬在十二生肖裏排名最後一位。說起來豬這麼懶惰，為什麼他會當上生肖的呢？

其實是因為豬是六畜之一，人從很久以前就開始養豬吃肉。由於豬跟人的關係十分密切，他被選成生肖就一點兒也不奇怪了。

不過，關於豬是怎樣當上生肖的，民間還有一個更有意思的傳說。

不老松
壽

相傳，從前有一個姓朱的員外*，他很富有，擁有很多田地，可就是沒有兒子，他因而常常求神拜佛。

這一年，朱員外將近六十大壽時，終於喜獲兒子。這把朱員外樂壞了，他抱着兒子，笑得合不攏嘴。

兒子過百天的時候，朱員外大擺筵席，親朋好友都來道賀。

席間，有一位看掌相的相士，對朱員外說：「這孩子寬額大臉，耳朵圓圓，天庭飽滿，又白又胖，一定是大富大貴之人。」

朱員外一聽就更高興了。

*員外：古代的一個職銜，後來是指腰纏萬貫的人。

朱員外給兒子起名「朱元寶」，並非常寵愛這孩子，兒子説什麼都順着他，要什麼給什麼。

日子久了，朱元寶給養得衣來伸手，飯來張口，每天除了玩還是玩。

朱員外看他不像話，就請了先生教兒子唸書識字，但元寶玩起來精神抖擻，一到課堂上，沒聽兩句話就開始打瞌睡。

過了一年，朱員外來試一試兒子所學，可是朱元寶提着筆愣了半天，連自己的名字也寫不出來。

朱員外罵他不用心，元寶卻振振有詞地說：「相士說我是天生的富貴命，我為什麼要花時間唸書呢？」

朱員外長歎口氣，兒子不願學，只好算了，隨他吧！

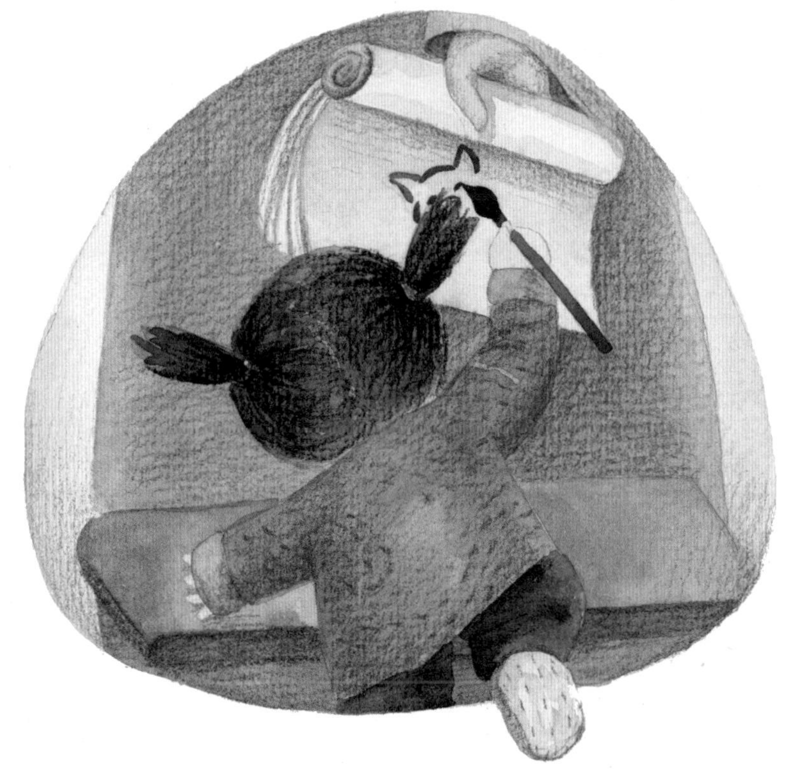

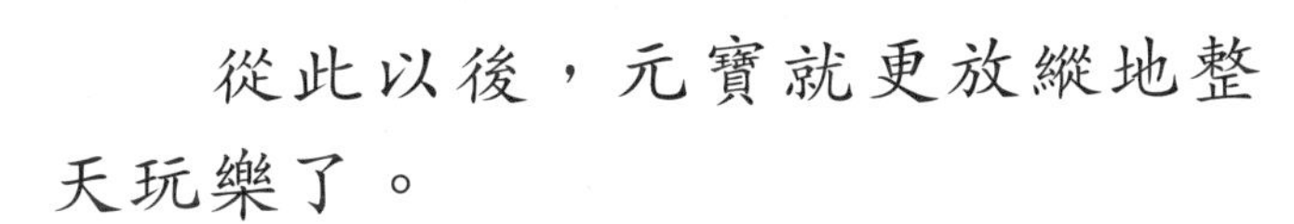

從此以後，元寶就更放縱地整天玩樂了。

時間過得很快，元寶長大成人了，但他還是文不成，武不就，只知道花天酒地，遊手好閒。

朱員外看兒子這個樣子，又有點着急了，把兒子叫過來說：「元寶啊，你也不小了，該找點東西學習吧！」元寶滿不在乎地說：「學習有什麼用？有爹娘在，我根本不怕會捱餓！」

朱員外十分生氣：「爹娘年紀都大了，不能照顧你一輩子，以後還是得靠你自己！」元寶說：「我家有這麼多銀子，這麼多田地，夠我花一輩子了。你就別逼我學東西了，我不想學！」

朱員外一想，自己這麼多家產，是餓不着兒子的。再說，兒子不是富貴命嗎？不怕不怕，隨他吧！

幾年後，朱員外夫婦二人相繼去世，留下元寶一個人。

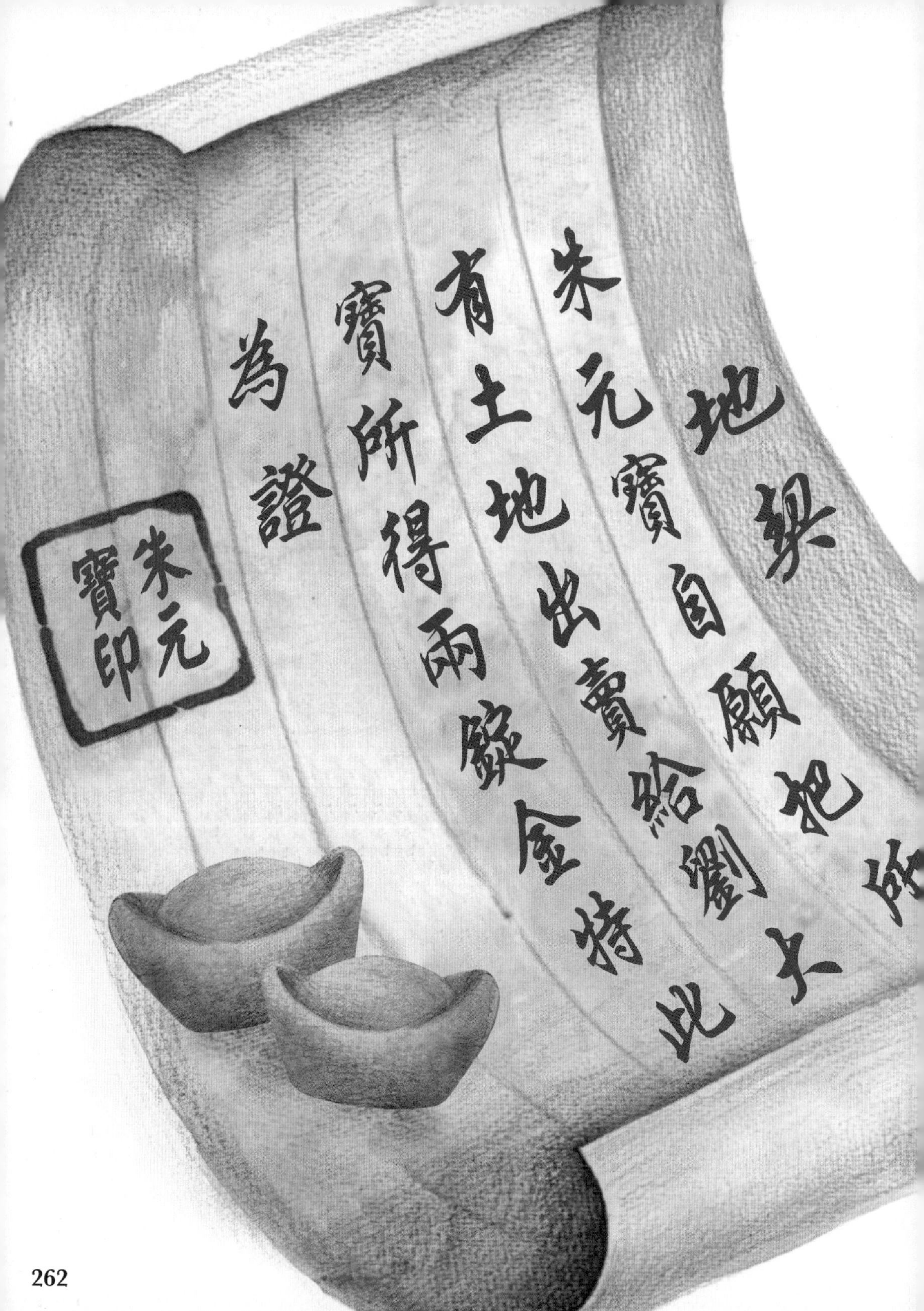

地契

朱元寶自願把所有土地出賣給劉大寶所得兩錠金特此為證

朱元寶印

元寶還是老樣子，什麼也不做，坐食山崩，銀子跟流水一樣花去，沒幾年便把爹娘留下來的錢財花清光。

沒銀子怎麼辦？賣地！這小子一點兒也不知道悔改，繼續過着揮金如土的生活。

一直到田地賣光了，房子也賣掉了，什麼都沒有了，這時候，元寶才開始慌。可是，後悔也來不及了，他什麼也不會做呀！最後，朱元寶餓死在殘破的房子裏。

元寶死後，十分惱火，就到陰曹地府向閻王告狀，說：「我是天生的富貴命，怎麼能讓我餓死呢！老天待我不公平，我不服！」

閻王就把元寶帶到天上的玉帝跟前，請玉帝來評斷。

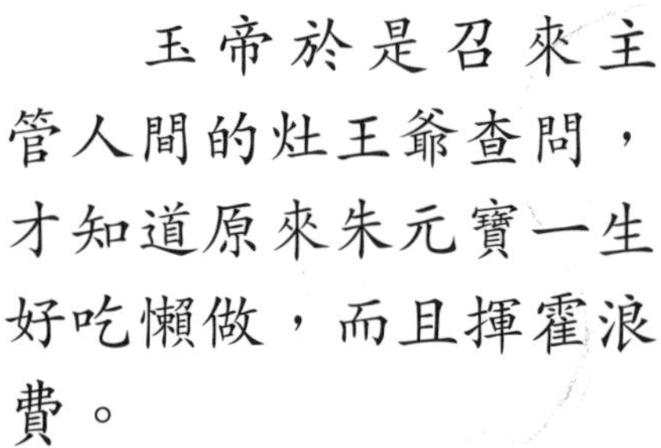

玉帝於是召來主管人間的灶王爺查問，才知道原來朱元寶一生好吃懶做，而且揮霍浪費。

玉帝一聽大怒，對朱元寶說：「即使是天生的富貴命，你的一生中竟如此懶惰，什麼也不學、什麼也不會，真是白白當了一回人！罰你下輩子當豬，去吃粗糠！」

　　這時，玉帝正好在天宮選生肖。天宮的官差錯把說話聽成了「當生肖」，就把這胖小子帶到人間，讓他投生為豬，又把豬選成了十二生肖之一。

從此，這懶惰的胖小子就成了一頭豬，每天除了吃就是睡，還越長越胖呢！

這就是豬當上生肖的故事。在故事的最後，讓我來問一個問題：朱元寶變成豬以後，有沒有後悔過呢？小朋友，你猜猜？

● 趣談性格

豬年出生的人，性格正直、率真，單純而又堅強，大多誠實善良。這樣的他們，很容易贏得朋友的好感。不過，「豬寶寶」性格中有猶豫的一面，這會阻礙自己的發展。要注意該做決定的時候，就要果斷決定。

● 趣說成語

【人怕出名豬怕壯】豬為什麼怕長胖？因為人養豬是為了養肥了吃肉，等豬長得胖墩墩的時候，就是快要被殺掉的時候了。所以豬長胖後，麻煩就大了！而人要是出了名，也很容易招來麻煩，就像豬長胖了一樣。

【豬朋狗友】比喻好吃懶做、不務正業的壞朋友。

【泥豬癩狗】滿身是泥的豬和長癩瘡的狗。比喻為人下賤卑劣。

【狼奔豕突】豕音始，即豬。像狼和豬一樣奔跑逃竄。形容壞人亂衝亂撞或倉皇奔逃的情景。

【封豕長蛇】封：大。貪婪如大豬，殘暴如大蛇。比喻貪婪兇殘的人。